그토록 매혹적인
공룡

Dinomania: Why We Love, Fear and Are Utterly Enchanted by Dinosaurs
by Boria Sax was first published by Reaktion Books, London, UK, 2018.
Copyright ⓒ Boria Sax, 2018
Published in the Korean language by arrangement with Reaktion Books through Icarias Agency
Korean Translation ⓒ 2021, Book's Hill Publishing

이 책의 한국어판 저작권은 Icarias Agency를 통해
Reaktion Books와 독점 계약한 북스힐에 있습니다.
저작권법에 의하여 한국 내에서 보호를 받는 저작물이므로 무단전재와 복제를 금합니다.

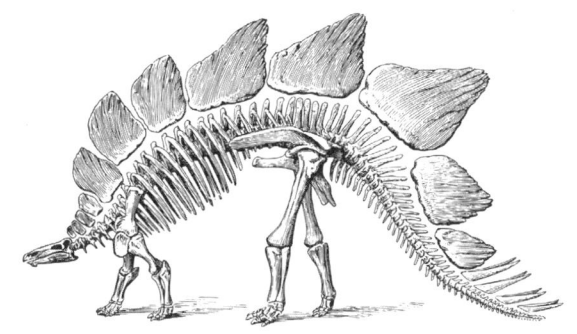

그토록
매혹적인
공룡

보리아 색스 지음 권현민·채유경 옮김 전진석 감수

북스힐

* 일러두기
    외국어 용어나 인명, 지명 등 고유명사의 한글 표기는 기본적으로 국립국어원의 표기 원칙을 따랐으나, 일부 관례로 굳어진 표기는 예외로 하였습니다.

어린 시절의 나에게,
여전히 그 소년이 공룡이 되는 꿈을 꾸길 바라며…

 **차례**

1 용의 뼈 • 9
  뼈 ㅣ 뼈의 집

2 용은 어떻게 공룡이 되었나 • 42
  심원한 시간의 발견 ㅣ 덧없음 ㅣ 실낙원 ㅣ 경외심과 경이감 ㅣ 숭고함

3 거구 씨와 난폭 씨 • 73
  메갈로사우루스와 이구아노돈 ㅣ 티라노사우루스와 트리케라톱스 ㅣ
  알로사우루스와 바로사우루스 ㅣ 공룡의 피 ㅣ 포식자 혹은 먹잇감?

4 크리스털 팰리스에서 쥬라기 공원까지 • 103
  크리스털 팰리스의 공룡 ㅣ 뼈 전쟁 ㅣ 카네기의 디플로도쿠스 ㅣ
  디노랜드 ㅣ 하이테크 공룡

5 공룡 르네상스 • 148
  공룡의 우월성 ㅣ 역동과 우세 ㅣ 단속평형설 ㅣ 오늘날의 공룡 연구 ㅣ
  우리가 알 수 있는 것은 무엇일까

6 근대성의 토템 • 176
근대 문화 | 우리의 신화적 조상 | 디노매니아의 미래

7 멸종 • 197
멸종의 이론 | 이크티오사우루스 교수 | 인간 예외주의 | 부활 | 고지라 | 멸종의 비유 | 마지막 공룡

8 공룡 중심의 세계 • 237
왜 공룡일까? | 공룡이 없다면 인간은

감사의 글	257
그림 및 사진에 대한 감사의 글	258
참고 문헌	259
추천 도서	266
찾아보기	269

마테우스 메리안(Matthaus Merian, 1953~1650), 용 판화, 1718년. 근대 초기와 그 이전의 작품에 등장하는 용과 마찬가지로, 공룡과 상당히 닮았으며 특히 긴 목과 꼬리가 비슷하다.

1 용의 뼈

당신은 마음 속 깊은 곳에서 브론토사우루스가
살아 돌아오길 바랐다, 물론 길들여진 상태로.

레이 브래드버리(Ray Bradbury, 1920~2012), 『공룡 이야기(*Dinosaur Tales*)』

공룡은 비록 여러 다른 이름으로 불렸지만 늘 사람들에게 낯선 존재는 아니었다. 동굴 속이나 땅 밑에 사는 용이 등장하는 서양의 오래된 전설은 화석에서 시작되었을 것이다. 멕시코와 남미 신화에서 자주 볼 수 있는 깃털 달린 뱀은 생명의 창조자로 묘사되곤 한다. 호주 원주민 전설 속의 무지개 뱀은 태초부터 존재하며 인간과 동물들이 살아갈 환경을 만드는 데 도움을 주었다. 여러 동물의 특징이 결합된 동양의 용은 태고의 기운을 상징하며, 비를 부르는 능력을 지녔다. 이런 용들은 우리가 재현한 공룡의 모습을 닮았고, 여러 이야기에서 인류 이전의 세상에 존재했던 것으로 묘사된다. 이렇듯 비슷한 모습이 발견되는 주된 이유는 인간의 상상력이 진화와 상당히 같은 방식으로 작동하기 때문일지도 모른다. 둘 다 날개, 발톱, 볏, 송곳니, 비늘 등의 친숙한 형태를 끊임없이 개조하는데, 이런 것들이 수렴 현상을 통해 사라졌다 나타나기를 반복하는 것일 수도 있다. 티라노사우루스 렉스의 모습은 캥거루를 연상시키고 익룡은 박쥐를 닮았지만, 이들이 서로 비슷한 것은 조상이 같아서가 아니다.

자신이 속한 사회가 기본적으로 요구하는 바를 막 배우기 시작하는 단계에 있는 어린아이들은 그 집단의 문화로부터 어느 정도 동떨어져 있다. 아이들이 공룡에 끌린다는 사실은 그 거대한 생명체가 인간 정신의 본질적인 무언가에, 혹은 적어도 매우 근본적인 부분에 호소한다는 뜻이다. 추측에 근거해 설명하자면, 메갈라니아와 같은 선사 시대의 큰 도마뱀에 맞선 초기 인류 시대나 어쩌면 공룡과 싸워야 했던 인간의 먼 포유류 조상이 살았던 선사 시대까지 거슬러 올라가는 유전적인 유산을 우리가 물려받았을 수도 있다. 보다 간단하게 설명하면 공룡의 모습이 실제로 위협적이진 않지만, 위험이 초래하는 흥분감을 준다고 볼 수도 있다. 또한 아이의 시선에서는 공룡이 어른처럼 보일 수 있는데, 둘 다 나이가 많고 체구가 크기 때문이다.

공룡은 아이의 상상력을 자극해 어린아이가 느끼는 무력감을 덜어준다. 이와 관련하여 게일 멜슨(Gail Melson)은 다음과 같이 생생하게 묘사했다.

> 내가 아는 호리호리하고 수줍음을 잘 타는 여덟 살 소년은 매일 학교가 끝나면 서둘러 집으로 돌아가 공룡이 지구 위를 어슬렁거리던 시대로 들어간다. 공룡 박사인 그 아이는 15센티미터짜리 공룡 모형으로 브론토사우루스와 티라노사우루스 간의 싸움을 벌이며 지치는 법이 없다. 자신보다 몸집이 크고 대찬 또래나 어른이 가진 힘과 달리 공룡이 가진 힘은 문자 그대로 자신의 손 안에 있다.[1]

그렇다면 대부분의 아이들이 어른이 되기 한참 전에 공룡에 푹 빠졌던 기억을 잊어버리는 이유는 무엇일까?

어른들도 어린아이 못지않은 무력감을 느끼곤 한다. 어른들은 비디오 게임 안에서 외계인을 폭격하거나 그보다 훨씬 더 위험한 취미 활동을 통해 안도감을 구하지, 공룡 놀이를 통해 그런 효과를 기대하는 경우는 거의 없다. 하지만 어쩌면 어른들도 아직 공룡 단계를 벗어나지 못한 것은 아닐까? 아이들을 통해 대리 만족을 느끼는지도 모른다. 공룡이 지금은 멸종되었으나(조류과 공룡은 예외로 밝혀졌다) 한때 엄청난 위세를 떨쳤다는 이유로 우리는 예로부터 공룡이라는 존재에서 비극을 본다. 공룡 안에는 지배력과 극도의 취약성이 혼재되어 있는데, 이 두 가지는

1186년에 건설된 캄보디아 타프롬(Ta Prohm) 사원의 조각품. 스테고사우루스와 불가사의할 정도로 닮은 모습이다. 당시 공룡 뼈가 발견되었기 때문일 수도 있지만, 단순한 우연일 가능성도 있다.

우리가 생각하는 인류의 본질적인 면이다.

어쨌든 이 여덟 살 소년은 혼자가 아니다. 나는 뉴욕에 위치한 미국 자연사 박물관(American Museum of Natural History)에 주기적으로 방문하는데, 박물관 기념품점 면적의 3분의 1에 해당하는 한 층 전체가 공룡 관련 제품들로 채워져 있다. 제품 대다수는 과학과 무관하다. 층층의 선반 위에 공룡 봉제 인형이 놓여 있고, 그중 많은 수가 거대한 크기를 자랑한다. 막 글자를 깨우친 아이들을 위한 공룡 그림책과 움직이는 공룡 장난감도 많이 있으며, 공룡 그림이 두드러진 소품도 셀 수 없이 많다.

멜슨이 묘사한 소년은 여러 면에서 나의 모습을 떠올리게 한다. 하지만 내가 그만한 나이였을 때는 고생물학이 요즘처럼 극도로 상업화되기 전이었고, 공룡들은 기업 총수나 교사처럼 대단한 위엄을 부여 받았다. 시카고에 위치한 필드 자연사 박물관(Field Museum) 안에는 아파토사우루스의 형상을 복원한 뼈대가 대형 홀의 돔 아래 서 있었다. 그 뼈대 앞의 작은 받침대에는 관람객들이 만져볼 수 있도록 커다란 뼈가 놓여 있었다. 만져보면 매우 차갑고 딱딱하여 거의 금속처럼 느껴졌지만, 오히려 그 덕분에 그 뼈가 지탱했을 생명체의 온기가 강조될 뿐이었다. 나는 늘 혼자 있기를 좋아하는 편이었고 공상을 즐겼다. 어린 시절을 되돌아보면 공룡 세상이 내게 일종의 피난처였다. 어린 나를 잘 안다고 생각하지만 절대 이해하지 못하던 어른들로부터 벗어날 수 있는 공간이었다.

지난 150년 동안 우리가 사는 이 사회를 휩쓴 수많은 변화에도 불구하고, 모든 세대에서 전부는 아니더라도 적지 않은 아이들이 '공룡 단계'를 거치는 것을 보면서 나이를 불문한 모든 이들이 어떤 위안을 얻는 상황이 이어졌다. 공룡은 빅토리

카렐리야 공화국 오네가 호(Lake Onega)에서 발견한 기원전 5000~6000년의 신석기 시대 화강암 암면 조각으로, 용각류(체격이 크고 목과 꼬리가 긴 초식 또는 잡식성 공룡 - 옮긴이)와 묘하게 닮았다.

뉴욕에 위치한 미국 자연사 박물관에서 판매하는 공룡 장난감.

아 시대 사람들이 '어린 시절의 경이로움'이라 여겼던 부분에 호소하는 것은 물론이고, 내 어린 시절의 경험이 영원히 되풀이된다는 점에서 우리에게 안도감을 준다. 이런 현상이 특히 놀라운 까닭은 어른들이 유도하지 않아도 아이들이 처음부터 자발적으로 경험하는 경우가 많기 때문이다. 그러나 어쨌든 공룡은 인간보다 불멸하는 존재는 아니다. 우리가 공룡을 상상하는 방식은, 공룡이 최초로 발견된 19세기 초 이래로 끊임없이 변해 왔다.

어린 시절 공룡 뼈를 처음 대면한 이후로 비슷한 경험을 할 때마다 매번 실망했다. 어린 나에게 그 경험은 사회적인 압박과 요구가 없는 세상으로 가는 문이었다. '공룡 되기'는 내가 십대 후반에 쓴 시에 사용한 표현으로, 그저 내 자신이 되기라는 의미로 쓴 것이다. 이 책에서 곧 다루겠지만 공룡, 혹은 공룡의 뼈는 처음 발견된 이래로 힘의 정치와 상업의 세계에 깊숙이 연루되었다. 그러나 내 어린 시절 경험이 말해주듯, 공룡을 둘러싼 과대 선전이 모두 사라지고 나면 멋진 무언가가 우리를 기다리고 있을지도 모른다.

톰 레아(Tom Rea, 1950~)의 말처럼 20세기 초부터 사람들은 자연사 박물관을

1. 용의 뼈 13

1956년 발간된 『내셔널 지오그래픽(*National Geographic*)』에 실린 싱클레어 오일(Sinclair Oil)과 미국 자연사 박물관의 광고. 1960년대 후반까지는 박물관에서 관람객들이 만져볼 수 있도록 공룡 뼈를 전시하는 경우가 비교적 흔했으며, 이후 시청각 자료로 바뀌었다.

'과학 신전'으로, 공룡이 전시된 곳을 주요 성지(聖地)처럼 여겼다.[2] 특히 그 당시의 박물관은 옛 신전이나 교회 건물을 본떠 만들어져 높은 천장과 돔, 정교한 부조 장식이 특징이었다. 이런 박물관은 교회처럼 심오한 지식의 수호자로 기능했다.

이처럼 박물관이 대성당과 비슷한 것은 그저 우연의 산물이 아니라 자연 신학의 개념을 반영한 것이다. 자연 신학은 초기 과학의 원동력이었고, 진화론의 도전을 받긴 했지만 지금도 상당한 영향력을 갖는다. 이는 자연계에 존재하는 질서가 의도적으로 계획된 것이라는 증거이고, 따라서 신의 존재를 증명한다는 뜻이다. 이런 질서를 연구하는 것은 곧 신성한 계획의 일부를 밝히는 동시에, 경외심과 숭배 정신을 불러일으키는 행위이다.

과학은 종교를 통해 보다 많은 대중과 만날 수 있었다. 역사학자 마틴 루드윅(Martin Rudwick, 1932~)은 이와 관련하여 다음과 같이 말했다.

> 예전에 과학의 대중화는 완전한 일방의 과정으로 치부되었다. (중략) 과학자들은 소수만 이해할 수 있는 연구 결과를 (중략) 보다 이해하기 쉬운 언어로 번역했고 그 과정에서 일부 내용의 누락이나 왜곡을 피할 수 없었다. 하지만 최근에는 과학의 대중화를 과학자가 주도하는 것만큼이나 대중이 주도하는 경우도 많아진 것으로 보인다.[3]

과학계는 연구 자금을 지원하는 주체들에 의해 좌지우지되는데 이들에게 적지 않은 영향을 미치는 것이 대중의 인식이며, 이는 결국 연구의 방향을 결정하는 데 있어서 큰 요인으로 작용한다. 대중화는 과학 관련 직업군에 젊은 피를 수혈하는 일에도 중요한 역할을 한다. 더욱이 과학자들은 스스로 인식하든 아니든 대중 매체가 끊임없이 퍼트리는 전공 관련 이미지에 영향을 받을 수밖에 없다. 많은 과학자가 박물관이나 기업, 심지어 대학의 고용인 신분으로, 과학계를 대표하여 끊임없이 대중과 접촉해야 하는 실정이다.

그뿐만 아니라 요즘에는 과학자들이 대중 매체를 통해 소통하는 경우가 불가피하게 많다. 학술지도 여전히 중요한 매체이나 항상 복잡하고 느리다. 새로운 발견은, 연구자가 논문을 통해 공식적으로 발표하고 동료 과학자의 평가를 받기 전에 이미 언론에 수차례 노출되기 십상이다. 고생물학자의 전문적인 지식과 비전문가가 가진 지식의 깊이를 비교할 수는 없겠지만, 학계의 최신 경향성의 측면에서는 거의 비등할 수도 있다. 따라서 우리가 과학을 하나로 통제하거나 '분리된 영역'이라고 생각하지 않는다면 현대 사회에서 공룡이 갖는 중요성을 더욱 잘 이해할 수 있을 것이다. '과학'은 연구자뿐만 아니라 철학자, 웹디자이너, 예술가, 교사, 언론인, 박물관 종사자 등의 노력이 담긴 광범위한 영역이라고 보아야 더 정확하다. 이는 홀로 진리 탐구의 투쟁을 벌여 결국 무지와 미신을 물리치는 과학자라는, 기껏해야 시대착오적인 상상에 지나지 않는 낭만적인 이미지와 상반된다. 오늘날 한 편의 과학 논문에 이름을 올리는 저자는 대부분 세 명이고 그보다 더 많은 경우도 흔하다. 이렇듯 과학이 대중문화와 연결되면서 객관적인 진리를 주장하는 과학에 제약이 가해졌다. 실체가 없는 주관적이고 심리적인 요소나, 그것도 아니면 우발적인 요소가 과학 연구에 직접적인 영향을 미치게 되었기 때문이다.

이제 연구자조차 물리학적 발견을 시각화하는 것이 거의 불가능하지만, 고생물학적 발견은 약간의 상상력만 있으면 화려한 색감의 이미지로 쉽게 바꿀 수 있다. 18세기 후반과 19세기 초반에 공룡이 발견되고 오래 지나지 않아 사람들이 공룡과 일종의 감정적인 관계를 맺기 시작했는데, 그 감정은 어떤 점에서는 인간이 개나 고양이 등 살아있는 동물에 대해 느끼는 유대감만큼 복잡하고 양가적이며 다면적이고 친밀했다. 이 관계는 대중과 유명인의 관계처럼 주로 공상 속에서 맺어졌지만 진정성은 결코 그보다 덜하지 않았다. 공룡은 전시회, 놀이 공원, 소설, 장난감, 영화, 만화, 로고와 그 밖의 대중문화 관련 상품에 등장해 왔다.

보다 명백한 과학 활동에도 쇼맨십이 만연했는데, 물론 이때에는 약간 더 미묘한 형태를 띠었다. 이 책의 뒷부분에서 좀 더 자세히 설명하겠지만, 기디언 맨텔(Gideon Mantell, 1790~1852)처럼 초기에 공룡을 발견한 고생물학자들은 공룡의 크기

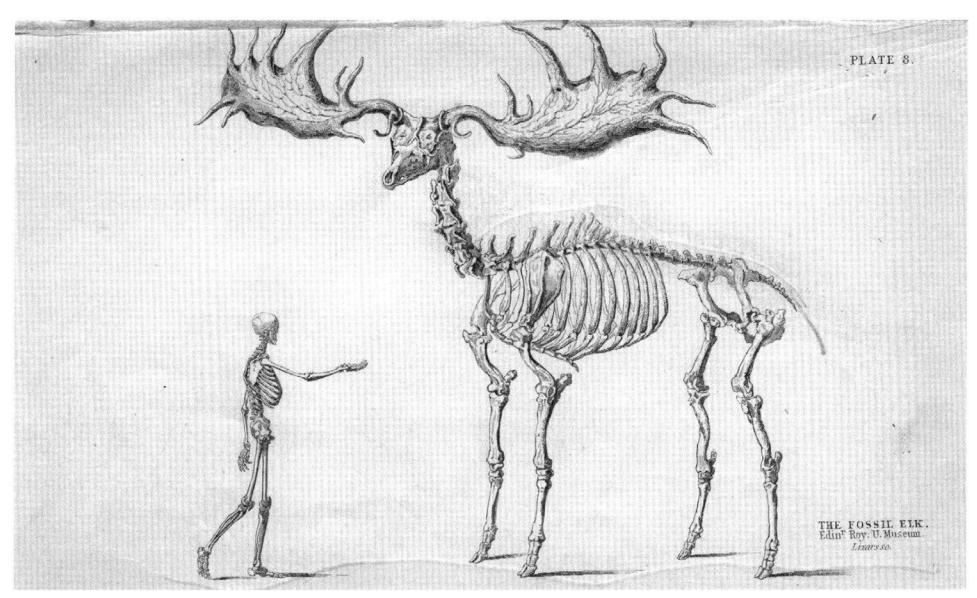

윌리엄 자딘(William Jardine, 1784~1843)의 『박물학자의 서재(*The Naturalist's Library*)』(1840)에 실린 삽화로, 아일랜드 엘크의 뼈를 보여준다. 공룡이나 대형 포유류의 뼈가 정말 크긴 하지만 과학자들은 그 크기를 실제보다 더 과장하곤 했다. 어쩌면 이 삽화의 모델이 된 엘크 뼈에 공룡 뼈가 일부 섞인 것일까. 뼈의 크기를 과장한 것은 단순히 이 동물들이 불러일으킨 경외감을 반영한 결과인 듯하다.

를 과장하여 크고 새로운 것을 좋아하는 대중의 관심을 끌었다. 19세기 말과 20세기 초에는 거대한 뼈를 찾는 일이 경쟁이 되어, 탐험가들은 물론이고 그들을 후원하던 기업과 정부도 뛰어들었으며 본질적으로 트로피 헌팅의 형태로 변질되었다.

매우 정교한 도구를 이용하여 뼈 등의 물질에서 상당한 양의 정보 추론이 가능하기에 공룡의 모습과 습성을 재현하고자 하면 상상력을 충분히 발휘할 수 있다. 공룡을 가장 대중적으로 재현한 모습은 고생물학에서 세운 한계를 무시하기도 하고, 때로는 최신 경향에 맞추고자 새롭게 발견된 특징을 일부 포함하기도 한다. 우리가 생각하는 공룡의 모습은 화석을 통해 추론한 것만큼이나 중세 예술에 등장하는 용과 악귀에서 가져오기도 했으며, 그 모습의 기원은 다시 고대 신으로 거슬러 올라간다. 고대 큰 바다뱀의 모습은 종종 구시대적인 믿음이나 먼 과거와 연관되었고, 그래서 성 게오르기우스(St George, ?~303)나 베어울프(Beowulf) 같은 용 사냥꾼들이 오늘날의 고생물학자와 마찬가지로 근대성의 옹호자로 여겨졌다.

공룡이 '발견된' 시기는 언제일까? 학계에서는 대부분 19세기 초라고 답할 것이다. 특정 연도를 묻는다면 윌리엄 버클랜드(William Buckland, 1784~1856)가 메갈로사우루스의 이름을 지은 1824년이 될 수 있다. 리처드 오언(Richard Owen, 1804~1892)이 '공룡'이라는 말을 만든 해인 1842년도 가능한 답이다. 하지만 '공룡'이라는 개념을 뒷받침하는 정보의 대부분은 이미 아주 오래전부터 알려져 있었다. 인류가 등장한 날부터 우리의 조상들은 이따금 공룡 뼈를 발견했다. 그들은 오늘날 우리가 '공룡'이라고 부르는 것과 비슷한 거대 파충류를 상상하기도 했다. 그러나 당시의 인류에게는 공룡을 묘사하는 분석 체계가 없었으며, 공룡을 어느 시대에 배치할지에 관한 우주론도 정립되어 있지 않았다.

뼈

우리가 아는 한 18세기 말까지 멸종된 동물에 관한 증거로서 화석을 연구한 사람이 아무도 없었다는 사실이 놀라워 보이지만, 멸종된 동물에 대해 밝혀내는 과정에서 필요한 추론 행위는 대부분이 생각하는 것보다 훨씬 더 복잡한 양상을 띠었다. 오늘날에는 화석을 보면 으레 불완전하고 변형된 생명체의 흔적이라고 생각하지만, 몇백 년 전에는 선사 시대 생명체의 잔해를 그저 추상적인 무늬라고 여긴 듯하다. 생명체의 형태를 닮은 자연 요소들이 더 큰 혼란을 불러일으키기도 했다. 구름이나 석고 벽이 갈라져 생긴 틈에서 사람의 얼굴이나 동물, 궁전의 형상이 발견되는 경우를 떠올려보자. 그리고 바위에 형성된 결정체나 수상 돌기는 오늘날에도 화석 식물로 오인되곤 한다. 마노 등의 원석에 나타나는 무늬는 이따금 육지나 바다의 풍경과 묘하게 닮았다.

하지만 일부 뼈는 반박할 수 없을 만큼 유기체와 닮아 보여서 자연 요소로 생각하기 어려웠다. 뼈의 기본 형태는 공룡 시대 혹은 그 이전부터 오늘날까지 신기할 정도로 거의 변하지 않았다. 포식자가 깨끗하게 발라 먹은 뼈는 고대 사람들이 흔히 보던 것이었지만, 일부 뼈는 그 크기나 무게 덕분에 존재감이 분명 대단했을 것이다. 공룡 뼈는 특히 거대해서 대형 포유류의 뼈보다도 훨씬 더 크다. 그렇게 큰 뼈는 유럽인들이 정착하기 전의 미국 서부에서 그랬던 것처럼, 한때 전 세계의 여러 지역에서 흔했기 때문에 지금보다 쉽게 눈에 띄었을 것이다. 공룡과 선사 시대 포유류의 뼈 다수는 인간이 정착하는 과정에서 파손되고 풍화되었거나 가루로 만들어져 민간요법에 쓰인 것이 틀림없다. 그러다가 근대에 와서 고생물학자들의 수집 대상이 되었고 대부분은 박물관 지하실로 보내졌다.

이런 뼈에 관한 고대의 기록이 그다지 많지 않은 까닭은 무엇일까? 당시 사람들에게 특별히 중요한 것이라는 인상을 주지 못했기 때문일 수 있다. 그때는 사람들이 지금처럼 자연계와 초자연계를 구분 짓지 않았고, 용과 거인의 존재를 당연시했다. 뼈만 남은 생명체는 죽은 지 오래되어서 즉각적인 위협이 되지 않았기에 그에 관해 언급할 필요를 별로 느끼지 않은 듯하다. 그러나 사람들이 드러내고 말하지 않았어도 그 거대한 뼈들은 신화와 전설에 영향을 미쳤다.

정체불명의 뼈는 분명 사람들로 하여금 추론하거나 때로 초자연적인 생각을 하게 만드는 힘을 갖고 있었다. 르네상스 이후로 일각고래의 뼈는 전 유럽에서 유니콘의 뼈라고 불리며 상당히 비싸게 팔렸다. 타조 알은 그리핀의 알이라고 널리 알려졌다. 이 두 가지는 공룡 뼈보다 더 흔하고 보관 상태도 훨씬 더 좋아서 눈에 잘 띄었다. 커다란 뼈는 일반적으로 거인의 뼈라고 여겨졌는데, 거인은 공룡처럼 몸집이 거대한 유일한 생명체로 인식되었다. 그에 반해서 용 가운데 특히 중세와 르네상스 시대 유럽의 예술 작품에 등장하는 종류에는 공룡의 특징이 많이 발견되었지만, 악어나 사자보다 크게 묘사되는 경우는 드물었다. 북유럽 신화의 미드가르드 뱀, 중국의 용, 성서 속 종말 이야기에 등장하는 용은 흔히 볼 수 없는 예외적인 것이었다. 공룡에 대한 지식이 쌓이면서, 근대인들은 용이 거대하다고 생각을 바꾸게 되었다.

기원전 1200년경부터 약 100년 동안 강바닥에서 발견된 거의 3톤에 달하는 대형 뼈들이 이집트 신전에 악어의 신 세트(Set)의 유해로 모셔져 숭배되었다.[4] 중국에서는 고비 사막에서 발견된 화석들이 '용의 뼈'로 알려졌고, 사람들이 그것을 갈아서 민간요법의 중요한 성분으로 사용했다. 이는 3세기 필사본에 기록되어 있으며, '용의 이빨'에 관한 16세기의 중국 문헌들도 있다. 아마도 뼈를 찾아내기 위한 구체적인 절차가 있었기 때문에 뼈가 흔하게 발견될 수 있었을 것이다.[5] 한 이론에 따르면 고대 그리스 신화에 종종 등장하지만 대부분 아무런 역할도 하지 않는 그리핀은 원래 중앙아시아에서 발견된 뼈를 바탕으로 재현된 것이었다.[6]

기원전 5세기 초에 아테네인들이 테세우스(Theseus)를 위한 신전을 짓고 거대한 뼈들을 그의 유해로 모셨다.[7] 미국 사우스다코타에서 폭풍우가 지나간 후에 드러난 거대한 뼈들은 천둥새의 것으로 확인되었는데, 그중에는 북아메리카 원주민들이 제물로 바친 것도 있었다. 현재의 캐나다 앨버타와 서스캐처원 지역에 살던 블랙풋(Blackfoot)족은 거대한 화석을 버팔로의 조상이라고 믿었다. 로마 황제 아우구스투스(Augustus, 기원전 63~기원후 14)는 수집한 거대한 뼈들을 공개적으로 전시했는데, 이것이 초기 형태의 박물관이었다.

고대 그리스인들은 커다란 뼈를 보고 신들에게 패한 티탄이나 거인의 유해라고 생각하곤 했다. 이와 비슷하게 미국 북서부의 수(Sioux)족과 기타 부족들도 큰 뼈들이 신에 의해 쫓겨나 지하에서 살던 거대한 파충류 웅크테히(Unktehi)의 것이라고 말했다. 19세기 말 미국에서 화석 발굴로 이름을 떨친 에드워드 드링커 코프(Edward Drinker Cope, 1840~1897)와 오스니얼 찰스 마시(Othniel Charles Marsh, 1831~1899)는 지역 부족들에게 공룡 뼈를 발굴할 수 있는 장소에 관해 조언을 구했다.

아시아의 여러 사원에는 예로부터 용의 알로 알려진 것들이 보관되어 있으나 그중 일부는 공룡의 알일 수도 있다.[8] 인도 서중앙 지역에 위치한 팻 바바 만디르

(Pat Baba Mandir)는 원숭이 신 하누만(Hanuman)을 기리는 힌두 사원으로, 그곳에 몸담은 힌두교 성직자들이 몇 세대에 걸쳐 티라노사우루스와 같은 공룡의 뼈와 알을 지켜왔다. 사람들은 그 뼈가 시바(Siva) 신에게 죽임을 당한 악령의 알이라고 믿었고, 그 동그란 알들은 신이 존재한다는 증거였다.[9] 조로아스터교의 아리만(Ahriman) 신, 메소포타미아 신화에 등장하는 티아마트(Tiamat)의 창조물, 성서 속 세상의 종말 시기에 등장하는 악마 군단들도 거대한 뱀의 특징을 여럿 지니고 있다. 페르세우스(Perseus)부터 성 마가렛(St Margaret, 1045~1093)과 성 게오르기우스에 이르기까지 셀 수 없이 많은 영웅들에게 도륙 당한 용들은 고립된 생명체였고, 잘 알려진 파충류 시대(Age of Reptiles)의 잔재처럼 보였다.

선사 시대에 발견된 뼈에 관한 최초의 기록은 헤로도토스(Herodotus, 기원전 484?~425?)의 『역사(*History*)』에 등장한다. 기원전 560년경 스파르타와 테게아 사이에 전쟁이 일어났고 스파르타가 수차례 패했다. 스파르타인들은 신탁을 받기 위해 델포이로 전령을 보내 승리를 위해 무엇을 해야 하는지 물었고, 예언자는 영웅 오레스테스(Orestes)의 뼈를 스파르타로 가져가야 한다고 말했다. 예전에 테게아의 대장장이가 자신을 찾아온 스파르타인에게 우물을 파다 높이가 7완척(약 6미터)에 달하는 거인의 뼈를 찾았다고 한 적이 있었다. 스파르타인들은 그 거인이 오레스테스라고 생각하고 사람을 모아 비밀리에 테게아에 가서 그 뼈를 파내 스파르타로 가져왔다.[10] 이렇게 가져온 뼈로도 스파르타는 결정적인 승리를 거두지는 못했지만 테게아를 상대로 주도권을 잡았고 마침내 두 도시 국가는 동맹을 맺었다.

중세 사람들은 이런 뼈들이 대부분 기독교에 흡수된 이교도 신화 속 인물들의 것이라고 생각하곤 했다. 강바닥에서 발견된 거대한 뼈는 종종 성 크리스토퍼의 것이라고 여겼다. 성경에 따르면 그는 힘이 굉장히 세서 아기 예수를 모시고 가는 중대한 책임을 맡았고, 임무를 다하기 위해 폭풍우가 몰아치는 강을 헤엄쳐서 건넌 인물이다.[11] 성 크리스토퍼는 그리스-이집트 신인 헤르마누비스와 합체되어 개의 머리를 가진 거인으로 묘사되었는데, 헤르마누비스는 개의 머리를 하고 망자

개의 머리를 가진 성 크리스토퍼 비잔틴 성상을 그린 것으로, 17세기 카파토시아에서 제작되었으며 현재는 아테네에 위치한 비잔틴 박물관(Byzantine and Christian Museum)에서 소장 중이다. 성 크리스토퍼는 주로 거인으로 묘사되었고 때로는 개의 머리를 가진 모습으로 그려졌다. 전설에 따르면 그는 아기 예수를 안고 폭풍우가 거칠게 몰아치는 강을 건넜다. 그의 큰 체구와 얼굴 형상은 선사 시대에 발견된 뼈나 혹은 혹독한 날씨 탓에 드러난 공룡 뼈를 반영한 것일 수 있다.

오스트리아 클라겐푸르트에 위치한 용 분수는 1582년에 털코뿔소의 것으로 확인된 거대한 두개골을 참조하여 만들어졌다.

를 인도하는 이집트의 신이 헬레니즘의 영향을 받아 탄생한 신이다. 하지만 반인 반수의 모습은 아마도 선사 시대 생명체의 뼈에서 착안되었을 것이다.

1374년에 초판 출간된 지오바니 보카치오(Giovanni Boccaccio, 1313~1375)의 『이교 신들의 계보(Genealogia deorum gentilium)』에 따르면, 시실리 트라파니에서 세 명의 일 꾼이 집터를 파다가 거대한 동굴의 입구를 발견했고 그 안에서 거의 60미터에 육박하는 거인을 보았다고 전했다. 그 일꾼들은 도망쳤으나 다시 300명의 마을 사람들과 함께 돌아와서 조심스럽게 그 거인에 접근했다. 거인의 몸에 손을 대자 즉시 먼지로 분해되어 세 개의 거대한 이빨과 해골, 다리뼈의 일부만 남았다. 유해 는 지역 교회에 전시되었다.[12]

15세기 중반 오스트리아 빈의 성 슈테판 성당(St Stephen's Cathedral)을 확장하기 위한 기초공사를 하던 중 일꾼들이 거대한 뼈를 몇 개 발견했다. 이 뼈는 성당 정문에 놓였고, 이후 이 정문은 '거인의 문'으로 불렸다. 전설에 따르면 이 뼈는 성당이 처음 지어질 때 도움을 준 뒤 세례를 받은 거인의 것이었다.[13] 오스트리아 클라겐푸르트 시청에는 털코뿔소의 두개골이 보관되어 있었는데, 사람들은 그 도시가 세워질 당시 도륙된 용의 것이라고 생각했다. 1582년에 한 조각가가 이 용의 모습을 형상화한 청동 분수를 만들었고, 용의 머리를 만들면서 그 두개골을 참조했다.[14] 16세기 보름스에서도 거대한 뼈가 여럿 발견되었는데, 이 도시는 전설 속 부르군트족의 거점이자 영웅 지크프리트(Siegfried)가 살해당한 곳이다. 이 뼈는 그 지역의 영웅이 물리친 거인과 용의 유해라고 소개되며 장터에 전시되었다.[15]

네덜란드 화가 히에로니무스 보스(Hieronymus Bosch, 1450~1516)의 그림에는 거인의 뼈가 많이 등장하는데, 그저 그의 창의성이 발휘된 것일지도 모르지만 적어도 일부분은 선사 시대 생명체의 모습에서 영향을 받았을 가능성도 있다. 가장 헷갈리는 것 중 하나는 세 폭짜리 제단화 「쾌락의 정원(*The Garden of Earthly Delights*)」(1503~1504)의 지옥 그림이다. 그림 좌측 중앙에 거대한 두개골이 있는데 소의 모습을 닮았다. 우측 중앙에는 얼굴을 정면으로 향하고 관객을 직접 바라보는 악마의 해골이 있다. 괴물의 다리는 전체가 흰색이고 종아리와 넓적다리 사이가 크게 굽이진 것만 빼면 나무 몸통처럼 보인다. 몸통은 커다란 달걀 껍질처럼 생겼으며 크게 뚫린 부분으로 술집에 앉아 있는 듯한 사람들의 모습이 보인다. 머리 위에는 넓은 챙 같은 것이 있는데, 그 위에서 악마가 죄인들을 되는대로 끌고 다니고, 맨 위에는 거대한 백파이프가 올려져있다.[16] 이 모습은 상상력을 바탕으로 선사 시대의 동물 뼈를 재현한 것일 가능성이 있다. 특히 달걀 껍질 같은 몸통은 수많은 골격의 파편을 통해 추론된 형태일 것이다.

「마녀의 행렬(*The Witches' Procession*)」(1520년경)은 보스와 동시대인이면서 그보다 나이는 어린 마르칸토니오 라이몬디(Marcantonio Raimondi, 1480~1534)와 그의 제자인

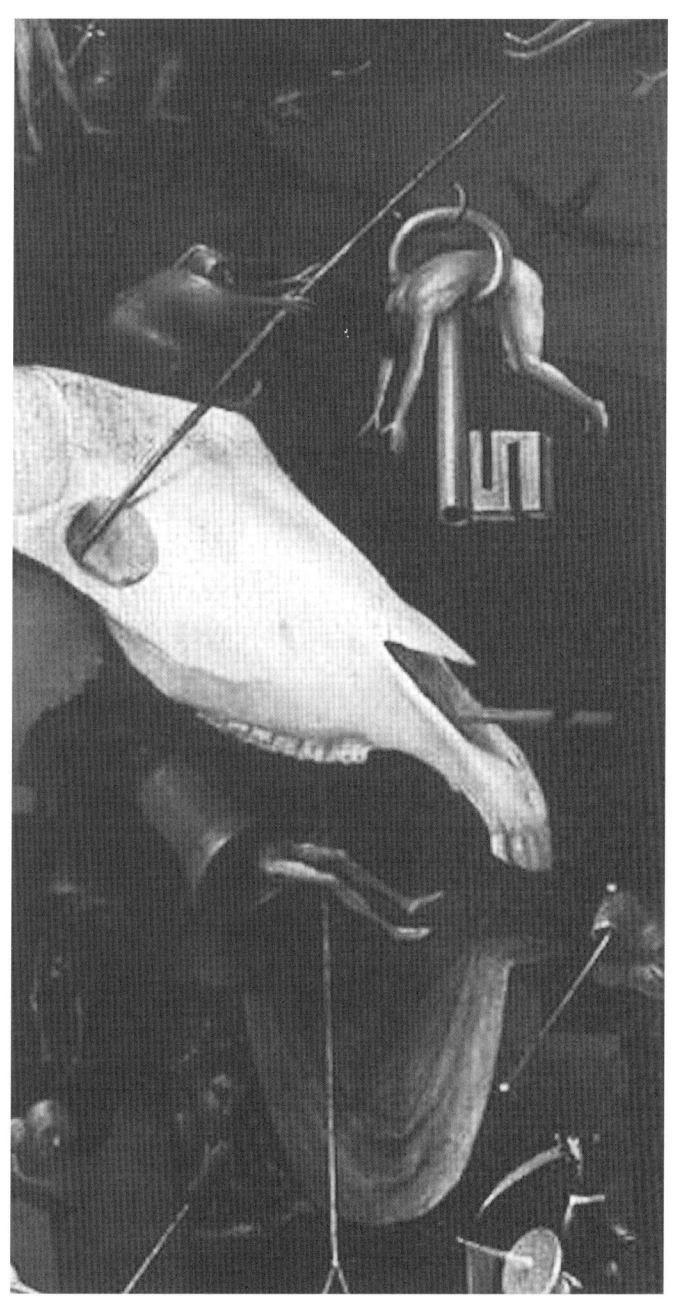

히에로니무스 보스의 「쾌락의 정원」(1503~1504년경, 오크 판넬에 유채)에 등장하는 지옥 거인의 턱뼈. 이 뼈는 거대한 크기만 아니면 소의 것일 수도 있다. 하지만 저런 모습의 소가 살아 있다면 어떤 모습일까?

1. 용의 뼈 25

히에로니무스 보스의 「쾌락의 정원」(1503~1504년경, 오크 판넬에 유채)에 등장하는 지옥의 '나무 인간'. 이 장면은 지하 깊은 곳을 묘사하고 있고, 중앙의 거대한 형상은 발견된 뼈를 바탕으로 선사 시대의 생물을 재현하려는 초기의 시도일 수 있다.

아고스티노 베네치아노(Agostino Veneziano, 1490~1540)가 베네치아에서 활동하면서 함께 작업했거나 둘 중의 한 사람의 작품으로 추정되는데, 판화에는 좀 더 그럴듯하

아고스티노 베네치아노 및/또는 마르칸토니오 라이몬디의 「마녀의 행렬」 혹은 「시체(*Carcass*)」(1520년경) 그림에 등장하는 뼈의 모습이 상상의 산물일 수 있으나, 당시 과학자들이 발굴된 뼈를 통해 선사 시대 생물의 모습을 재구성하기 시작했다는 점을 암시할 수도 있다. 우측에 보이는 남자는 두 개의 뼈를 맞춰보고 있다.

게 재현된 공룡이 등장한다. 이 작품은 마녀들의 안식일을 표현하고 있으며, 두 사람이 마녀가 타고 있는 괴물의 뼈대를 끌고 간다. 언뜻 보면 이 뼈가 용각류의 것으로 보일 정도지만 세부적인 모습은 상상력에 기반한 것이다. 이 거대한 뼈 옆에는 지옥의 유니콘의 좀 더 작은 뼈대가 있고, 역시 다른 마녀가 타고 있다.[17] 이 작품은 상상력의 산물이겠으나 유난히 한 부분에 과학적 열망이 숨어 있다. 우측 끝의 한 남자가 두 개의 커다란 뼈를 맞추려고 애쓰는데, 그 모습이 고생물학자 못지않다.

1613년 프랑스 동남부 도피네주의 공사현장 인부들이 '테우토보쿠스(Teutobochus)'라는 이름이 새겨진 무덤에서 거대한 뼈를 몇 개 발견했다고 전해진다. 테우토보쿠스는 체구가 큰 독일의 족장으로, 로마 역사학자에 따르면 로마 장군 마리우스(Gaius Marius, 기원전 155?~86)가 이끄는 군대의 포로로 잡혔다. 그 이후 1618년 내과 의사 장 리올랑(Jean Riolan)이 「거인학(*Geantologie*)」이라는 에세이를 통해 그렇게 큰 체구의 인간은 존재할 수 없고 틀림없이 다른 종의 뼈일 것이라고 주장했다. 같은 해 뛰어난 외과 의사였던 니콜라스 해비코(Nicholas Habicot, 1550~1624)는 고대부터 많은 저술가들이 증언했듯 몸집이 거대한 인간이 분명히 존재했고 게다가 그 뼈들은 우리가 알고 있는 어떤 동물도 닮지 않았다고 맞섰다. 몇몇 다른 해부학자와 역사학자 들이 그 논쟁에 합류했고 몇 세기 동안 결론이 나지 않다가,[18] 그 뼈의 주인이 선사 시대의 생물이며 아마도 거대한 나무늘보일 것이라는 합의에 도달했다. 물론 지금이라면 그 생물이 무엇인지 꽤 정확하게 알 수 있겠으나 그 뼈는 현재 사라지고 없다.

근대 초기 대부분에 걸쳐 발견된 거대한 뼈들은 늘 그런 것은 아니지만, 대개 거인의 것으로 여겨졌다. 유럽의 초기 과학자들이 언급한 또 다른 가능성은 한니발(Hannibal, 기원전 247~183)이나 로마인들이 데려온 코끼리의 뼈일 수 있다는 것이었다. 어느 정도의 확신을 바탕으로 공룡 뼈로 추정할 수 있는 것 가운데 가장 초기에 발견된 뼈에 관한 논의는 1677년 초판 출간된 로버트 플롯(Robert Plot, 1640~1696)의 『옥스퍼드셔 자연사(Natural History of Oxfordshire)』에 등장한다. 이 책에서 플롯은 콘웰 교구(Parish of Cornwell)에서 8킬로그램에 달하는 거대한 넓적다리 뼛조각을 발굴한 일화를 언급하고 있다. 그는 코끼리의 뼈일 수도 있다고 생각했으며, 1666년의 런던 대화재(Great Fire of London) 이후 성 메리 양모 교회(St Mary Woolchurch) 잔허에서 발견된 뒤 켄트(Kent)의 한 여관에 전시된, 비율상으로 더 큰 뼈에 관한 내용도 덧붙였다. 교회 건물에 코끼리가 묻히는 일은 거의 불가능해 보이지만, 그 교회가 세워진 곳이 예전에 이교도 사원의 터였을 가능성이 있다고 판단했다. 그리고 성서 시대부터 그 당시까지의 각종 예를 들며 기골이 장대한 사람들이 존재할 수 있다는 주장을 이어갔다. 플롯은 면밀한 논의 끝에 그것이 성인 남자 혹은 여자의 뼈라는 결론을 내렸다. 그 뼈는 사라지고 없지만, 그의 책에 실린 세밀한 삽화는 후대의 고생물학자들에게 전해져 그 생명체가 메갈로사우루스였다는 사실이 밝혀졌다. 플롯은 다른 사람들이 발굴한 비슷한 뼈도 여럿 보았다고 언급하고 있는데,

당시 공룡 뼈를 우연히 발견하는 일이 제법 흔했는지도 모른다.

스위스 과학자 요한 야콥 쇼이흐처(Johann Jakob Scheuchzer, 1672~1733)는 1726년 스위스 바덴 근처의 오닝겐에서 대홍수(노아가 동물들을 방주에 태워 구한 시기) 이전 시대 인간의 해골 화석을 제법 온전한 상태로 발견했다고 주장했다. 그는 이 해골의 운명을 통해 당대의 사람들에게 경종을 울리고자 했고, 그 화석을 일컬어 '홍수를 목격한 자'라는 뜻의 호모 딜루비 테스티스(*Homo diluvii testis*)라고 명명했다.[19] 뿌리 깊은 도덕주의자였던 쇼이흐처는 '첫 번째 인류의 저주받은 세대에 관한 가장 희귀한 기념비이자 대홍수로 익사한 인간의 해골'이라는 표현을 썼다.[20] 이후 출간된 쇼이흐처의 저서 『성서 과학(*Physica sacra*)』(독일판, 1731), 일명 『쿠퍼 비블(*Kupfer-Bibel*)』(구리 판본 성서를 뜻한다. - 옮긴이)에 요한 마르틴 밀러(Johann Martin Miller, 1750~1814) 목사가 해골을 주제로 쓴 2행 연구(聯句)가 수록되었다. 허버트 웬트(Herbert Wendt, 1914~1979)가 이 시구를 영어로 다음과 같이 옮겼다.

> Afflicted skeleton of old, doomed damnation,
> Soften, thou stone, the hearts of this wicked generation.[21]
>
> 지옥에 떨어질 운명의 늙고 고통받는 해골,
> 돌 같은 너는 이 사악한 세대의 심장을 누그러뜨린다.

그 뼈대의 신장은 겨우 90센티미터 남짓이었고 인간과 크게 닮은 구석이 없었다. 쇼이흐처의 여러 직업 중 하나는 해부학을 가르치는 의사였는데, 그가 보기에 머리뼈는 인간의 것과 전혀 달랐으며 몸집에 비해 너무 컸다. 19세기 초에 조르주 퀴비에(Georges Cuvier, 1769~1832)가 이것이 선사 시대 거대 도롱뇽의 화석이라고 밝히면서 쇼이흐처의 오판은 사람들의 놀림거리가 되었다.

화석화된 뼈는 이전에도 거인의 것으로 여겨지곤 했지만, 쇼이흐처가 발견한 뼈가 정말 인간의 것이었다면, 그가 여러 번 부인한 것과 달리 어린아이거나 난쟁

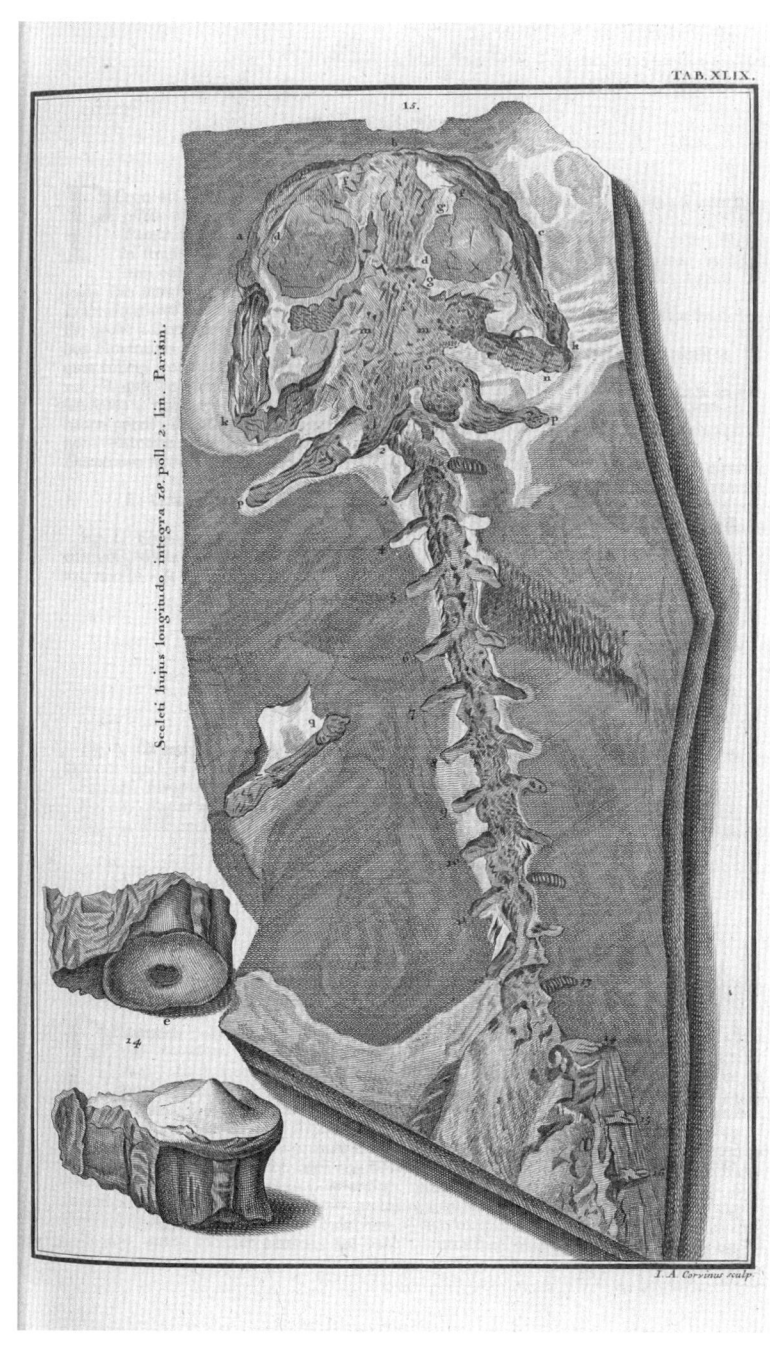

요한 쇼이흐처가 대홍수로 죽은 죄인인 호모 딜루비 테스티스의 것이라고 생각한 뼈를 그린 18세기 초의 삽화. 이것은 훗날 거대 도롱뇽의 뼈라고 밝혀졌다.

요한 쇼이흐처의 『성서 과학』(1731)에 실린 삽화. 아담의 창조를 표현한 이 그림은 쇼이흐처를 비롯한 당대인들이 성서의 이야기와 자연사를 어떻게 조합했는지 보여준다. 최초의 인간인 아담이 빛 속에서 신비롭게 빚어지지만, 배경은 자연의 풍경과 상당히 닮았다. 전경의 태아는 후대를 상징하며, 다가올 운명에 슬퍼하는 모습이다.

이어야 했을 것이다. 그 뼈가 '공룡'이나 다른 선사 시대 동물의 것이라는 사실을 그가 알아내지 못한 까닭은 당시 이런 개념이 없었던 탓이다. 더욱이 그는 모든 화석이 노아의 방주 시대 이전도 이후도 아닌 바로 그 시대에 생겨났다고 믿었다. 타락한 천사가 짐승으로 변했다는 전설과 같은 방식으로 인간의 타락으로 신체가 변형되었다고 생각했을 수도 있다. 이는 인간의 지위가 당연한 것이 아니며 악함 때문에 이 지위를 박탈당할 수도 있다는 경고였다.

쇼이흐처는 학식이 뛰어나고 호기심이 왕성했으며 상상력도 뛰어났지만 그의 발굴 기법은 과학적이지 못했고 세부사항을 꼼꼼하게 챙기지도 못했다. 『성서 과학』에는 솔로몬 왕(King Solomon, 기원전 970~931)이 이국땅에서 들여온 영장류 두 마리와 공작새 한 마리를 그린 전면 삽화가 있는데, 이 그림에서 그는 어느 때보다 더 추측에 근거하여 뼈대를 그렸으나 희한하게 공룡을 예언한 듯 보인다. 쇼이흐처는 평소 과학적인 관찰과 성서 내용을 섞은 복잡한 우화를 즐겨 창작했는데, 이 그림은 특히 해석하기 어렵다. 두 마리의 유인원이 대추야자 나무 아래서 진지한 눈빛을 주고받는 모습이 마치 에덴동산의 아담과 이브 같다. 한 마리는 침팬지가 확실하고 다른 하나는 틀림없이 개코원숭이처럼 보이지만 책의 본문에는 다소 모호하게 '긴꼬리원숭이(meerkatze)'라고 쓰여 있다. 지금은 이 단어가 프레리도그를 지칭하는 말이지만, 당시에는 보통 배를 통해 들여온 영장류 또는 그와 비슷한 동물을 뜻했다.

두 영장류 위에는 큰 뼈대가 그려져 있다. 본문에 따르면 '긴꼬리원숭이'의 뼈이지만 사실 개코원숭이나 다른 어떤 영장류의 뼈대와도 전혀 닮지 않았다. 이 뼈대는 하늘을 보며 완벽하게 서 있는 자세로 심지어 무아지경의 상태로 보인다. 척추는 도마뱀처럼 긴 꼬리로 이어져 영장류의 모습과는 완전히 다른데, 이 꼬리 덕분에 균형을 잡고 똑바로 설 수 있다. 뒷다리는, 곧추선 자세에도 불구하고 원래 척추에서 직각으로 뻗어 있는 듯 보인다. 앞다리는 쭉 뻗은 채로 아래쪽을 향하고 있어 팔과 같은 유연성은 없는 것 같다. 전체적인 모습이 어색하지만 이상하게도

요한 쇼이흐처의 『성서 과학』(1731)에 실린 삽화. 이 그림이 지금은 퇴색된 풍자를 담고 있을지도 모른다. 상단의 뼈대는 쇼이흐처가 대홍수 시대에 끔찍하게 죽은 옛 죄인들의 모습을 재현하면서 꼬리를 가진 유인원과 인간을 결합한 모습인 듯하다. 좌측 전경의 동물은 개코원숭이이고, 우측은 꼬리만 빼면 침팬지이다. 나무 아래 앉아 서로의 눈을 응시하는 모습이 아담과 이브를 암시한다.

1. 용의 뼈

득의양양한 듯 보인다.

두개골의 앞모습은 거의 완벽한 평면으로 주둥이의 흔적이 없어 호모 딜루비 테스티스를 연상시킨다. 이는 아마도 쇼이흐처가 다른 곳에서 찾은 화석화된 뼈 등을 결합하여 옛 죄인의 모습을 재현하려고 시도한 것일 수도 있다(그는 세계에서 가장 많은 화석을 소유한 것에 자부심을 느끼는 수집가 가운데 한 명이었다). 이 삽화는 대홍수 이후를 연대순으로 구성한 성경의 내용 가운데 한 장면을 그린 것인데, 근대 이전의 많은 사람들처럼 쇼이흐처도 유인원을 타락한 인간, 더 정확히 말하면 호모 딜루비 테스티스라고 생각했을지도 모른다. 그는 괴짜였지만 선지자이기도 했다. 두개골만 빼면 이 뼈의 모습은 19세기에 이구아노돈을 재현한 모습을 예견하는 듯하다.

쇼이흐처의 묘사를 공상 과학 소설로 치부해 버릴 수 있지만, 이런 평가는 지금까지 쓰인 공룡에 관한 모든 글에도 적용 가능하다. 사람들이 상대적으로 완전한 공룡의 모습을 만들어 내야 한다고 생각한 것으로 보이나, 그러기 위해 그들이 참고한 증거들은 아무리 정교하다고 해도 극히 파편적이고 불완전한 것이었다. 사람들이 시도할 수 있는 유일한 방법은 공상과 직관을 비교적 자유롭게 활용하는 것뿐이었다.

아이들이 자신만의 세계를 갖는다는 개념은 주로 빅토리아 시대의 산물로, 대략 공룡이 발견된 시기에 이 개념도 생겨났다. 자본주의의 대두와 맞물려 기업들이 새로운 시장을 개척할 수밖에 없었고 아이들은 자신만의 방, 스타일, 전설, 풍습과 어쩌면 가장 중요하다고 할 수 있는 동화책도 갖게 되었다. 리얼리즘은 어른을 대상으로, 판타지는 아이를 대상으로 하는 것이 일반적인 법칙이다. 그 사이를 잇는 것은 공룡인데, 공룡의 모습이 많은 부분 현실과 환상을 모두 반영하는 까닭이다.

이 책에서 자세히 다루겠지만, 지금까지 공룡 연구에 만연한 전형적인 패턴은 쇼이흐처의 오류로부터 시작되었다. 여전히 우리는 공룡을 어떤 의미에서 '대홍수 이전 시대의 옛 죄인들'과 같은 인간으로 여긴다. 달리 말하면 인간의 운명에 관해 생각할 때 공룡은 자연계에서 가장 중요한 본보기이다. 우리는 공룡의 후손이 아니고, 만화책이나 B급 영화 속의 세계를 제외하면 우리 선조들이 그들과 교류한 적도 없다. 하지만 바로 그 이유 때문에 공룡이 살던 세계가 인간이 처한 상황을 반영한다고 생각하기 쉽다.

공룡이 멸종했다는 사실로 인해 공룡 서사 안에 조로아스터교, 유대교, 기독교, 이슬람교의 종말론적 전통이 가득하게 되었다. 공룡의 거대한 몸집과 힘은 방대한 규모의 제국과 전투를 암시하고 심지어 일종의 아마겟돈을 상징한다. 일부 공룡들이 살아남아 조류가 되었다는 현재의 견해는 신의 선택을 받아 살아남게 된 천사의 존재를 시사한다. 그러나 종말에 대한 인간의 두려움은 세속화되었고 그에 따라 공룡이 갖는 의미도 변했다. 19세기 말과 20세기 초에 공룡은 대기업의 상징처럼 쓰이곤 했으나 종국의 멸종은 프롤레타리아 혁명을 연상시키기도 했다. 이후 공룡의 멸종을 세상의 종말과 결부시켜 핵무기에 의한 대학살이나 생태계의 붕괴 등과 연관된 공포를 표현하는 데 사용하기도 했을 것이다. 몸집이 거대하고 아주 먼 옛날에 존재했다는 사실이 근본적인 매력으로 작용했지만 공룡이 상징하는 바가 매우 다양한 의미를 담을 수 있을 만큼 유연했다는 점도 인기의 요인이다. 인간의 폭력성, 결백, 부(富), 산업화, 실패, 근대성, 비극, 멸종 등에 관해 언급할 때 공룡이 사용되곤 했다.

하지만 따지고 보면 결국 이런 것들은 공룡과는 별다른 관계가 없었다. 우리는 그저 끝없는 신비에 싸인 공룡의 삶에 중요한 의미를 부여하고 있다. 나도 다른 사람들과 다르지 않기 때문에 이에 대해, 다른 생명체를 인간의 현상에 대한 단순한 상징으로 이용하는 것에 반대하는 설교를 하지는 않겠다. 그러나 근본적으로 문화 상품으로서 공룡에 대해 말할 때에는 공룡이 그런 상품 이상의 존재였고 여전히 그렇다는 사실을 이따금 기억할 필요가 있다.

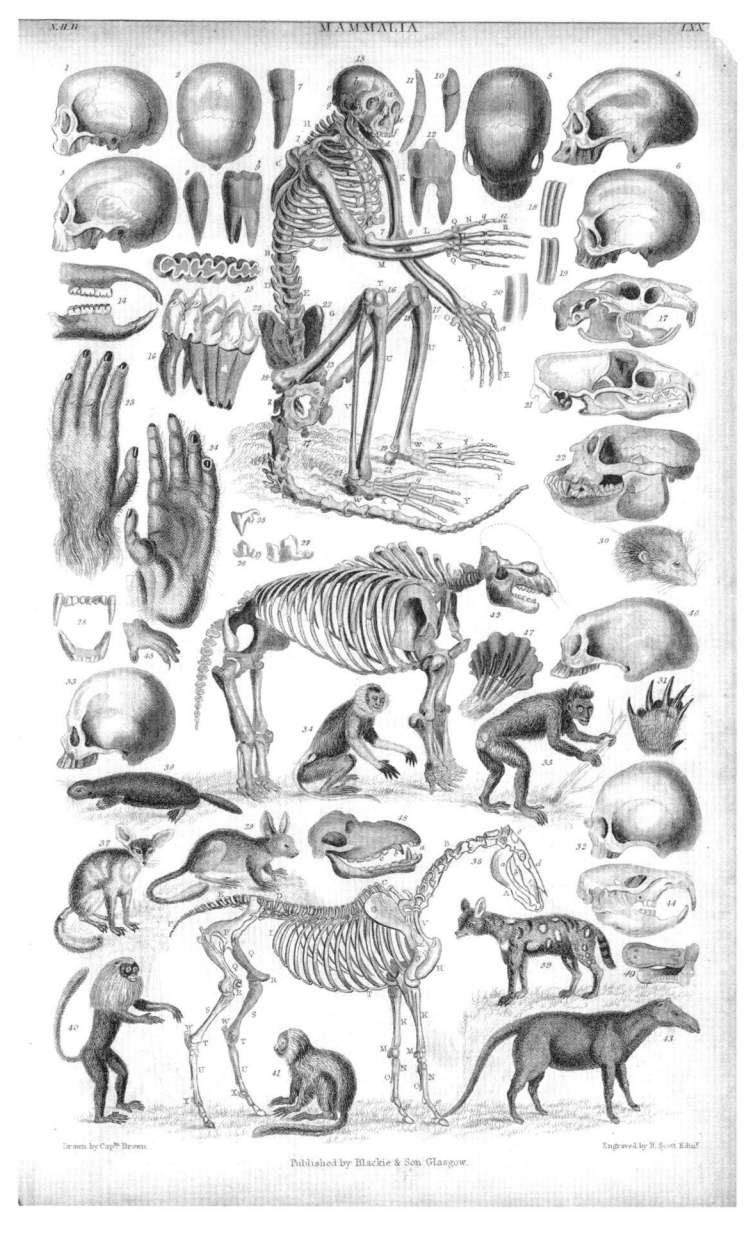

19세기 중반 영국에서 출판된 자연사 책에 실린 삽화로 인류의 조상을 포함한 선사 시대 생물의 뼈를 그린 것이다. 이 당시에 네안데르탈인의 뼈 일부가 발견되었으나 그 모습을 완전하게 묘사하거나 밝혀내지는 못했다. 인류의 조상은 쇼이흐처가 그린 '옛 죄인'과 비슷하게 꼬리가 달려 있는데 아마 단순히 꼬리가 '야만성'과 연관되기 때문일 것이다.

뼈의 집

공룡에 대한 근대인의 전체적인 반응은 미국 자연사 박물관의 풍경을 그린 토니 사그(Tony Sarg, 1882~1942)의 1927년작 석판화에 묘사되어 있다. 그는 20세기 초에 꼭두각시인형 제작자이자 삽화가로 활동한 독일계 미국인으로, 1927년 메이시 백화점 추수감사절 퍼레이드에 사용된 최초의 헬륨 풍선인 고양이 펠릭스와 장난감 병정 등을 디자인한 것으로 유명하다. 미국 자연사 박물관을 그린 그의 그림은 1920년대 뉴욕의 상징적인 장소들을 주제로 한 석판화 연작 가운데 하나이다. 당시는 '광란의 20년대'로 불리던 시절인데, 거대 기업과 거대한 마천루, 심지어 거대한 공룡들로 가득하던 1920년대의 뉴욕은 자주 근대성의 전형으로 찬양 받았지만 때로는 매도당하기도 했다. 사그의 작품에는 플래퍼 룩의 신여성이나 주류 밀매자처럼 우리가 생각하는 당시의 정형화된 이미지가 전혀 등장하지 않는다. 엠파이어스테이트 빌딩이나 크라이슬러 빌딩은 안중에도 없이 예측할 수 없는 일상을 쫓는 사람들의 모습을 그리고 있다.

이 그림에는 공룡과 다른 선사 시대 생물의 뼈가 전시된 전시장이 등장한다. 아파토사우루스와 티라노사우루스가 가장 눈에 띄고, 이 생명체의 뼈를 대하는 사람들에게서 경외심과 당혹감, 호기심이 공존하는 모습이 보인다. 이런 감정들이 사람들의 관심을 오래 끌지는 못했다는 것도 드러난다. 그림의 중앙 즈음에 유리 케이스 안에 놓인 세 개의 티라노사우루스 두개골을 가리키며 조금 허세 부리듯 설명하는, 유니폼 차림의 가이드가 있다. 다소 아담한 관람객이 그의 말에 집중하는 중이다. 인형을 든 어린 소녀가 공룡은 보지 않고 가이드를 올려다보고 있다. 그 옆에 잘 차려입은 신사가 모자를 땅에 내려놓은 채 공룡 흉내를 내는 듯 보이고, 그의 친구가 그 모습을 진지하게 지켜본다. 그들의 왼편에는 말썽꾸러기 소년이 누나의 모자를 잡아채 누나에게 쫓기고 있다. 군복 차림의 두 남자는 훈련 중

미국 자연사 박물관의 공룡 전시를 그린 토니 사그의 석판화, 1927년. 이 그림에서 일부 관람객들은 공룡들에 대해 엄청난 경외심을 느끼는 듯 보이지만 대부분의 사람들은 다른 관심사에 아주 쉽게 시선을 뺏긴다.

뷔퐁 백작(Comete de Buffon, 1707~1788)의 『자연사(Histoire naturelle)』(1786)에 실린 기린 삽화. 이 그림이 그려질 당시 기린은 거의 50년 동안 파리의 여러 동물원에서 볼 수 있는 동물이었다. 과장된 몸집과 키가 공룡 뼈의 발견을 암시하는 듯하다.

이다. 뒤쪽 벤치에 앉은, 아마도 부랑자인 듯한 다른 두 남자는 졸고 있다. 사그의 판화에서와 같이, 우리를 '인간'답게 만드는 것은 공룡 뼈처럼 가장 위엄 있는 기념물 앞에서조차 끊임없이 산만해지는 성향이다.

같은 그림 좌측 중앙에 보이는, 당시 가장 큰 공룡으로 알려진 아파토사우루스는 주변의 성인들보다 지혜로워 보인다. 공룡 두개골의 눈과 콧구멍 사이에 전안와창(anteorbital fenestrae)이라는 두 개의 구멍이 있다. 각 구멍의 바닥에 점이 있는데 빛과 그림자가 두개골을 통과하면 동공 같은 흰 점이 생기고, 이를 통해 공룡이 주변을 둘러볼 수 있다. 아파토사우루스 바로 아래에서 한 남자가 몸을 숙여 공룡 뼈에 관한 설명이 적힌 안내판을 읽는 사이 아파토사우루스가 그를 내려다보는 것 같다. 여기서 인간들은 불가사의한 자연 현상같이 보이는 반면 공룡들, 특히 아파토사우루스는 기념비적인 조각상의 위엄을 갖추고 있다. 이 아파토사우루스와 어쩌면 다른 공룡들도 조용히 우리를 비웃고 있다는 인상을 주기도 한다.

현대인의 일상이 한담이나 요식적인 자잘한 일들에 소모되기에 사람들은 줄곧 자신의 삶이 사소하고 하찮다는 느낌에 사로잡혀 왔다. 이들은 지루하고 겁이 많으며 모험심이 부족한 중산층이다. 우리는 대단한 열정과 헌신, 갈등, 독실함, 사악함, 위험을 끊임없이 갈망한다. 우리는 평화와 번영의 시대보다 솔로몬의 예루살렘이나 알렉산더 왕 시대같이 극적인 시대를 더 그리워한다. 우리가 야생 동물에 그토록 끌리는 한 가지 이유는 죽음이 늘 따라다니는 그들의 삶이 우리 삶에는 없는 드라마와 즉시성을 갖춘 듯 보이기 때문이다. 헬렌 맥도널드(Helen Macdonald, 1970~)의 말처럼 '우리는 우리의 관점을 확장하고 넓히기 위한 방편으로 동물들을 활용하면서, 그 동물들을 우리가 느끼지만 가끔 표현할 수 없는 것들에 대한 안전하고 단순한 은신처로 만든다.'[22] 특히 공룡은 여러 의미에서 방대한 규모의 삶을 살았고, 우리는 그들과의 관계를 통해 그 장관을 공유할 모양이다.

●

존 마골리스(John Margolies), 레블 옐 레이스웨이(Rebel Yell Raceway)의 공룡 조각상. 테네시주 피존 포지 441번 도로. '레블 옐'은 미국 남북 전쟁 때 남군 병사가 전장으로 뛰어들며 외쳤다는, 높고 길게 끈 우렁찬 소리이다. 어떤 학자들은 켈트족의 전투를 그 기원이라 추측하기도 한다. 여기에서는 티라노사우루스 렉스의 포효로 추정된다.

2 용은 어떻게 공룡이 되었나

... 그리고 밤이 되어
거리가 어두워지면, 벨리알의 후손들이 나타나
오만과 술에 취해 나다니는 것이다.

존 밀턴(John Milton, 1608~1674), 『실낙원(*Paradise Lost*)』

'숲에서 나무 한 그루가 쓰러졌는데 주위에 그 소리를 들어줄 이가 아무도 없다면, 그 나무는 쓰러지는 소리를 낸 것일까?' 이 철학적 사고 실험은 지난 수세기 동안 대학 수업에서 다양한 방식으로 논의되었다. 숲에서 쓰러지는 나무 대신 사라진 세계에서 포효하는 티라노사우루스라면 어떨까? 주위에 그 이름을 불러주는 이가 없다면 그 생명체는 정말 티라노사우루스일까? 그리고 그 소리는 정말 포효일까? 이런 생명체를 묘사할 때조차 그 이면에는 가상의 인간 관찰자가 존재한다. 우리는 인간의 측정법을 만들고 인간의 감각에 호소하며 인간의 범주를 사용하고 인간의 행동 노선에 따른다. 가상의 목격자는 마치 식민지 개척자처럼, 마틴 루드윅이 말한 인류가 아직 존재하지 않던 수백억 년의 '심원한 시간(deep time)'을 인류 문명을 위한 준비 기간이라 말할 수도 있을 것이다. 이제는 심원한 시간 동안 일어났던 일들이 일상적으로 연구되고 있으며 근대의 시작점에서 이것을 이해하는 것이 얼마나 어려웠는지 기억하지 못한다. 근대 초기에는 인류 탄생 이전에 일어난 그 어떤 일도 마치 꿈속 이야기를 하듯 시간 밖의 이야기로 여겨졌다.

19세기 초에 학식 있는 유럽인들에게 거대한 선사 시대 짐승이라는 개념이 정확히 얼마나 생소했는지 오늘날 가늠하기는 어렵다. 이 생명체들을 온전히 이해하는 일은 초자연적인 이야기에 익숙했던 고대나 중세 사람들에게 더 쉬웠을 것이고, 전통적으로 광대한 시간 개념 안에서 사고해 온 동양인들에게도 역시 어렵지 않았을 것이다. 또한 용이 세속적인 물질의 정화를 상징한다고 생각한 초기 연금술사들에게는 특히 자연스러운 일이었을 듯하다. 그러나 유럽의 과학적 원리주의와 종교적 근본주의가 지닌 경직된 사고 체계는 여러 면에서 유럽인들의 상상력을 제한했고 그로 인해 심원한 시간에 살던 공룡을 비롯한 생명체를 상상하는 것조차 어려웠다.

티라노사우루스 렉스의 그림을 들고 과거로 떠난 현대인을 상상해 보자. 그림 속 공룡은 최신 연구에 따라 몸 전체가 밝은 색깔의 깃털로 뒤덮인 모습이다. 현대에서 온 여성이 17세기의 학식 높은 남성 성직자에게 이 그림을 설명하려 한다. 이 성직자는 처음에 그림 속의 생명체가 상상의 산물이거나 현존하는 동물이라고 생각할 것이다. 현대의 여성이 그에게 티라노사우루스는 6천 5백만 년 전에 멸종되었다고 말하면 그는 당혹감을 내비칠 것이다. 심원한 시간에 일어난 사건을 연대순으로 정렬하는 것은 20세기 초에 방사성 탄소 검사법이 발견된 이후부터 가능해졌다. 시간에 대한 오늘날의 개념은 물리학적 개념과 밀접하게 연관되어 오늘날에도 대부분의 사람들이 이해하지 못하기 때문에 이 시간 여행자가 이런 개념을 설명할 일은 거의 없을 것이다. 이들이 이해할 수 있는 바는 동화 속 이야기처럼 공룡이 아주아주 오래전에 살았다는 사실일 것이다.

거대하고, 원시적이며, 여러 조류와 포유류의 특징을 가진 도마뱀 같은 생명체인 공룡은 태곳적부터 인간의 상상력을 자극했다. 공룡을 연구하는 사람들은 우리가 '문명'이라고 부르는 것이 처음 시작되었던 무렵까지 거슬러 올라가 여러 모습이 혼재된 괴물이 등장하는 전설을 파헤쳤다. 이런 연구는 악령, 괴물, 반신반인과 (유럽인의 입장에서) 이국땅에 다녀온 탐험가들이 말하는 생물들의 도해에 많이 의존했다. 고생물학이 유망한 분야로 떠오른 덕분에 이 괴물들은 새로운 이름을 얻었고 먼 과거의 어느 기간에 살았던 것으로 밝혀졌으나 어떤 면에서는 고생물학의 영향으로 크게 변한 것이 없었다.

공룡은 항상 본질적으로 용이었고, 부정적으로 등장하는 법이 없었다. 동양의 용은 비를 부르는 존재이자 원시 에너지의 상징이다. 연금술에서 용은 변신할 수 있는 힘을 상징했다. 용은 웨일스의 상징이고, 많은 귀족 가문의 문장(紋章)에도 들어간다. 공룡의 모습은 먼 곳을 다녀온 여행자의 이야기에 등장하는 거대한 뱀을 비롯한 다른 상상의 동물에서 많은 부분을 가져왔다. 이런 모습은 중세와 르네상스 시대에 이미 꽤 흔했으며 대영 제국이 팽창하면서도 변함없이 지속되었다.

용 중에서도 특히 서양의 용은 끊임없이 원시 시대를 지배한 자연력과 연관되었다. 초기 메소포타미아인들에게는 바빌로니아 여신 티아마트의 자녀로, 그리스인들에게는 티탄으로, 고대 스칸디나비아인들에게는 서리거인으로, 기독교인들에게는 이교도의 신으로 비춰졌다. 다음은 데이비드 길모어(David Gilmore)의 말이다.

> 괴물은 형태상으로 인간 본래의 모습이나 연대를 거슬러 올라가 은유적인 모습(예컨대 티라노사우루스 렉스)으로 늘 먼 과거의 기운을 품고 있다. 그래서 고대 이집트와 그리스에서처럼 불가사의한 방식으로 괴물은 상징적인 인류의 조상이 된다. 괴물은 낡은 시대가 교체될 것이라는, 깊이 묻혀 있던 암시를 우리의 의식 위로 끌어올린다.[1]

카드모스(Cadmus)나 성 게오르기우스 같은 영웅이 용을 죽였을 때, 그 행동은 옛 시대의 종말과 새로운 시대의 시작을 의미했다.

여러 면에서 공룡은 전설 속의 용을 잇는 문화적 계승자가 되었으나 '공룡'에 대한 근대적 개념은 19세기까지도 생겨나지 못했다. 이 개념을 만들기 위해서는 경험을 매우 복잡하게 구성해야 했는데, 특히 공룡에게 들어맞는 자리를 만들 수 있도록 시간을 구성하는 일이 필요했다. 먼저 시간을 명백한 직선적 개념으로 정립해야 했다. 다음으로 시간을 뚜렷하게 구분된 시대별로 나누는 작업이 요구되었

히에로니무스 보스, 세 폭 제단화 「쾌락의 정원」(1503~1504)의 '에덴동산' 중 한 부분, 판넬에 유채. 기독교 전통에서는 보통 에덴동산에서 포식 행위가 없었다고 말하지만, 보스는 대단히 종교적인 사람이었음에도 불구하고 이 그림에서 동물들이 서로 잡아먹는 장면을 묘사한다. 더욱 중요한 것은 그가 일종의 진화 장면을 보여준다는 점이다. 동물들이 물속에서부터 시작해 점차 육지로 모습을 드러내면서 오늘날 우리에게 익숙한 동물의 형태에 가까워진다.

우로보로스, 아브라함 엘르아살(Abraham Eleazar), 「고대 연금술(*Uraltes Chymisches Wreck*)」(라이프치히, 1760). 입에 꼬리를 문 뱀이나 용은 고대 이집트에서 반복되는 주제이며, 영원의 상징으로 연금술과 비전(秘傳) 문학에 자주 등장한다.

다. 처음에는 이런 작업이 역사적인 시간상에서 이루어졌고, 점차 선사 시대로 확대되었다. 이렇게 해서 세계의 연대표는 점차 길어지고 보다 정확해졌고 마침내 한 시대가 '공룡 시대'로 표시될 수 있었다. 마지막으로 필요한 것은 공룡이 멸종되었다는 사실을 인식하는 일이었다.

뱀 칼리야(Kaliya)의 머리 위에서 춤을 추는 힌두교 크리슈나 신(Krishna)을 표현한 20세기 초의 그림으로, 파충류에 대한 문명의 승리를 표현하는 이미지 중 하나이다.

2. 용은 어떻게 공룡이 되었나

심원한 시간의 발견

시간에 대해 생각할 수 있는 방법은 그 외에도 많다. 힌두교와 불교 같은 동양 종교의 전통에서는 변화를 환영으로 본다. 현대 물리학은 시간과 공간을 비슷한 차원으로 간주하는데, 이런 개념은 공상 과학의 영향으로 대중문화에 널리 스며들었다. 세상이 4차원이 아니라 10차원 이상으로 이루어졌다고 보는 초끈 이론(superstring theory)은 '웜홀(wormhole)'을 통한 시간 여행의 이론적 가능성을 열어 준다. 공상 과학 드라마 「닥터 후(Doctor Who)」의 '블링크(Blink)' 에피소드에서 주인공은 다음과 같이 말했다. 우리는 '시간이 원인으로부터 결과로의 엄격한 진행이라고 생각할지도 모르지만, 실제로 시간은 굉장히 불안정한 것들로 이루어진 커다란 공과 같다.'

직선적 시간관은 조로아스터교, 유대교, 기독교, 이슬람교 같은 위대한 일신교의 유산이다. 이들 종교 안에서 역사는 묵시록적인 선과 악의 갈등으로 이어지고, 결국 세상의 부활과 정의의 구원으로 귀결된다. 하지만 이 전통에도 반복되는 면이 있다. 성서에서 구시대는 대홍수로 파괴되었고, 이후 하느님은 노아에게 인류의 새로운 성약을 선포하여 사실상 다시 한번 세상을 창조했다. 예수 그리스도의 모습은 그의 추종자들에게 인간과 하느님 사이의 관계에 존재하는 또 다른 단계를 나타내며, 예수는 '새로운 아담'으로 알려지게 되었다.

이러한 서양의 직선적 시간관은 인류 문화에서 이례적인 것이다. 시간과 관련하여 기본이 되는 개념은 인간이 끊임없이 처음으로 되돌아간다는 '영원주의'이다. 다시 말해, 이 세상이 본질적으로 늘 같으며, 그 안에서 일어나는 변화는 모두 피상적이라는 믿음이다. 이런 개념은 계절, 낮과 밤, 탄생과 죽음의 규칙적인 변화로 나타난다. 일부 문화권에는 창조 신화가 존재하지 않으며, 세상의 시작을 시간의 차원에서 생각하지 않는다. 호주 원주민들에게 이것은 몽환시(Dream time)로, 지금의 현실은 반복되는 것에 지나지 않는다. 힌두교와 관련 종교에서는 시간을 수백만 년 동안 지속되는 광대한 시대로 구분하지만, 그마저도 영원히 반복된다. 나바호(Navajo)족의 창조 신화에서는 부분적으로는 인간의 모습이지만 곤충, 제비, 메뚜기, 신기루를 닮은 존재들이 살았던, 현세 이전의 네 가지 세계에 대해 들려준다. 이 네 개의 세계는 고생물학자들이 생물의 진화를 구분하는 단계와 비슷한 면이 있다.[2]

그리스 시인 헤시오도스(Hesiod, 기원전 750?~650?)가 기원전 8세기에 쓴 『신들의 계보(Theogony)』의 서사 대부분은 인류가 등장하기 이전의 심원한 시간을 배경으로 한다. 많은 면에서 이 이야기는 매우 현대적인 것처럼 보인다. 이 서사는 지질학적 대변동, 상상의 생명체, 우주 전쟁, 폭풍우와 화산으로 가득하다. 지질과 기후는 결코 안정적이지 않고 생명의 형태 또한 끊임없는 변화를 겪는다.[3] 헤시오도스와 현대인의 견해를 구분 짓는 것은 무엇보다 헤시오도스가 연대를 고려하지 않았다는 점이다. 신들과 거인들 간의 전쟁 등 그의 서사에서 일어나는 사건은 그 연대를 결코 측정할 수 없다. 사실 사건의 순서조차 불분명하다.

서양인들이 직선적인 역사를 구성하기 시작했지만, 대부분의 경험은 그런 역사와 별개로 남아 있었다. 근대까지 자연계의 역사는 상상할 수 없는 일처럼 보였을 것이다. 평범한 사람들도 대부분 역사의 바깥에 존재하는 듯했다. 역사는 주로 왕과 장군, 전투와 지배에 관한 일이었다. 고대의 사건을 그린 중세의 그림에서 사람들은 중세의 의복을 입고 중세의 무기를 사용하고 있는 것으로 보인다. 일례로 알렉산더 대왕(Alexander the Great, 기원전 356~323)은 손에 마상 대결을 위한 창을 들고 갑옷을 입은 중세의 기사처럼 그려질 수도 있다. 과거의 다른 시대 사람들이 그 시대에 맞는 풍습, 의복, 기술 등을 가졌다는 인식이 거의 없었던 것이다.

18세기와 19세기에 공룡이 발견되면서 시간에 대한 서양인들의 인식에 근본적인 변화가 일어날 수밖에 없었고, 이런 인식은 더욱더 확장되었다. 17세기 중반에 북아일랜드 아마주의 대주교 어셔(James Ussher, 1581~1656)는 성경에 기초하여 우주가 기원전 4004년에 시작되었다고 계산했다. 그는 성경에 나와 있는 모든 사건을 구체적인 연대순으로 정리했다. 이후 몇 세기에 걸쳐 인쇄된 많은 가정용 성경의 여백에 이 날짜들이 등장했다. 여기서 획기적인 것은 구체적인 연대가 아니라 성경 속 사건들의 연대를 추정할 수 있다는 생각 자체였다. 이전에는 시간과 관련하여 훨씬 더 경험적이고 감각적인 견해가 지배적이었고, 시각적 상상에 의존하는 경향이 강했다. 근대 초기부터 시간 개념이 점점 추상적으로 변하면서 사람들은 날짜와 연도를 객관적인 구조로 생각하게 되었다.

16세기 유럽인들은 세계의 기원을 설명하기 위한 기본 자료로 여전히 성경의 창세기를 참고했지만 근본주의자들의 비율은 아마도 요즘보다 낮았을 것이다. 문자 그대로 해석하는 것이 상징적이거나 철학적인 진리와 엄격하게 구분되는 시절은 아니었다. 창세기는 세상의 시작 즈음에 발생한 사건에 대한 유일한 기록으로서 종교적인 문헌은 물론이고 역사적인 문헌으로 간주되었다. 성경을 주의 깊게 읽는 독자들은 창조 넷째 날이 되어서야 하느님이 태양과 달을 만들어 밤과 낮을 구분했다는 것을 알 수 있었다. 당연히 독자들은 창조가 일어난 6일 동안 하루하루가 반드시 24시간으로 이루어진 것은 아니며, 분명히 규정되지 않은 기간이라고 추론했다. 그 '며칠'은 우주가 출현하는 단계였고, 하루는 전 시대에 걸쳐 지속되었을 것이다.

성서에서 아자젤(Azazel) 같은 악령이 몇 번 암시되자 그 영향으로 사탄과 부하들의 패배가 아담 창조 이전에 있었던 중요한 사건으로 여겨지게 되었다. 피터 브뤼겔(Pieter Breughel the Elder, 1525~1569)은 「타락한 천사들의 추방(The Fall of the Rebel Angels)」(1562)에서 '거꾸로' 진행되는 진화의 과정을 표현했다.[4] 천사들은 날개를 제외하면 이상적인 인간의 모습으로 등장한다. 타락한 천사가 천국에서 추방되어 지옥으로 추락하자 그들의 모습은 파충류, 곤충, 연체동물, 어류, 양서류 및 유인원의 특징을 취하며 훨씬 더 다양한 모습으로, 심지어는 기이하게 나타난다. 타락한 천사들의 추방은 진화의 초기 모습이었다. 아브라함 계통 종교의 전통에 등장

피터 브뤼겔, 「타락한 천사들의 추방」(1562), 판넬에 유채. 사탄의 하수인들이 땅으로 떨어지면 그들은 본질적인 인간의 형상을 잃어버리고 짐승의 모습과 상상의 모습을 갖게 된다. 이들은 특히 곤충, 파충류, 어류, 갑각류의 특징을 띤다.

하는 타락한 천사들은 공룡의 개념에 대한 초기의 본보기가 되었다. 하지만 이는 퇴화로의 진화였고, 19세기에는 진화가 진보로 이해되었다.

이런 변형을 가장 잘 보여주는 이미지는 에덴동산의 독사이다. 성경에서 이 뱀은 하느님의 저주를 받아 흙먼지 속에서 땅을 기어 다니게 되었다. 그런 형벌은 뱀이 한때 똑바른 자세로 걸어 다녔음을 암시한다. 이는 적어도 진화론과 궤를 같이하는데, 진화론에서도 다리를 잃어버린 도마뱀이 뱀으로 진화했다고 말한다. 중세와 근대 초기에 타락하기 전의 두 발로 선 뱀 그림이 많이 있는데, 어떤 부분에서는 이 뱀이 공룡과 매우 닮았다.

특히 대중문화에서 사탄은 티라노사우루스 렉스의 할아버지격이라 할 만하다.

2. 용은 어떻게 공룡이 되었나

요한 쇼이흐처의 『성서 과학』(1731)에 실린 아담과 이브 삽화. 성경 속 아담과 이브의 이야기를 글자 그대로 번역한 이 삽화는 면밀한 과학적 관찰의 결과를 보여준다.

악마가 타락한 천사들을 관장하듯 거대한 수각류(이족 보행하는 대형 육식 공룡 - 옮긴이)는 이른바 공룡을 지배한다. 우리가 티라노사우루스 렉스를 '폭군 왕(tytant king)'이라 생각하고 이름도 그렇게 지은 것을 보면 밀턴의 패러다임이 여전히 작동 중이라는 것을 알 수 있다. 파충류의 특징을 지닌 공룡의 초기 모습은 무의식적으로 르네상스와 근대 초기에 그려진 악마의 모습을 바탕으로 했고, 이 전통은 결코 사라지지 않는다.

덧없음

셰익스피어 희곡 『뜻대로 하세요(As You Like It)』의 등장인물 하나가 이 세상이 거의 6천 년 전에 생겨났다고 말하는데(4막 1장), 이는 엘리자베스 시대의 지배적인 견해였다. 셰익스피어도 당연히 이런 주장을 익히 알고 있었지만, 그의 작품에는 이와 배치되는 말도 등장한다. 내 생각에는 특히 뛰어난 감성을 지녔던 몇몇 동시대인들과 마찬가지로 셰익스피어도 당시에는 충분히 밝혀지지 않았던 개념인 지질학적 시간에 관해 직감한 듯하다. 사람들이 삶의 덧없음에 천착했던 것을 이를 통해 일부 설명할 수 있다고 본다.

셰익스피어는 16세기 말경에 여러 작품을 쓰면서 광대한 범위의 지질학적 시간에 관해 몇 번 언급했는데, 그중에서도 특히 그의 소네트에서 이런 언급이 있었다. 일례로 다음의 소네트 64번이 있다.

무자비한 세월의 손길에
옛 시절의 호화롭던 사치가 훼손되어 망가진 것을 볼 때,
한때 드높던 탑이 무너지고
영원할 듯한 동상이 인간의 분노에 굴복한 것을 볼 때,

대양이 굶주린 듯 해안가를 잠식하여

그 면적을 늘리고

또 단단한 땅이 바다를 침범하여

잃은 만큼 얻고 얻는 만큼 잃는 것을 볼 때,

이런 상태의 변화

또는 화려함 자체가 쇠퇴하여 사라지는 것을 볼 때,

폐허는 나를 이처럼 반추하게 하네,

결국 세월이 내 사랑을 빼앗아 갈 때가 오리라고.

이런 생각은 죽음과도 같아라,

잃을까 두려운 걸 가져서 울 수밖에 없어라.[5]

첫 네 행은 역사적인 시간, 특히 강력한 문명의 흥망성쇠에 초점을 맞추고 있지만, 다음의 다섯 행은 지질학적 시간까지 포함하며 그 범위를 넓힌다. 셰익스피어는 마지막 다섯 행에서 자신의 삶에 대해 말하는데 그 즉시 삶이 한없이 작고 중요해 보인다.

이후 수백 년 동안 공룡에 대한 연구는 존재하지 않았지만, 유희의 차원에서 이 소네트를 공룡에 관한 것으로 해석해 보자. '옛 시절(outworn buried age)'을 공룡 시대라고 하면 '드높던 탑(lofty towers)'은 공룡의 거대한 몸집, '동상(brass)'은 공룡 뼈를 일컫는다고 가정할 수 있다. 물론 작가의 의도와는 다르지만 그렇게 해석해도 무리가 없고 기본적인 의미도 크게 변하지 않는다. 공룡은 거대했고, 공룡의 죽음은 모든 것들이 덧없음을, 이 서정시의 대주제를 상기시킨다.

실낙원

심원한 시간에 대해 인류를 눈 뜨게 한 작품은 단연 존 밀턴의 『실낙원』(1667~1674)으로, 타락한 천사들의 추방과 에덴동산의 유혹을 다룬 서사시이다. 이 작품은 먼 과거를 복잡하게 얽힌 서사의 배경으로 설정하여 공룡의 발견을 위한 대중적 상상력을 마련하는 데 도움을 주었으며, 오늘날 우리가 공룡을 시각화하는 패러다임의 일부를 표현했다. 밀턴은 아담과 이브 이전 시대를 엄청난 수의 천사와 악마로 채웠다. 그는 천사와 악마를 부분적으로 '인간화'하여 각각에 이름과 개성을 부여했다. 『실낙원』은 엄청난 갈등, 연극적인 몸짓, 어마어마한 장관들로 가득하다. 불타는 호수와 폭풍우 등의 자연 재해를 강조했고, 이후 과학자들이 주장한 내용 가운데 특히 조르주 퀴비에의 격변설(catastrophism)을 예견했다.

『실낙원』에서 사탄은 뱀의 형상으로 변신하여 이브를 유혹하고 낙원에서 아담과 이브를 추방한 뒤 악마의 구역인 판데모니움으로 돌아온다. 사탄은 승리를 선포하며 큰 박수갈채를 기대하지만 그 대신 들려온 경멸의 말을 듣고 당혹감을 감추지 못한다. 하느님은 그와 다른 악마들을 뱀으로 만든다.[6] 근대 초기에 심원한 시간의 영역이 열리기 시작하면서 처음에 그 시간을 채운 것은 선사 시대의 동물들이 아니라 악마와 타락한 천사들이었다. 심지어는 악마가 공룡으로 변했다고 말할 수 있을 정도였다. 그때까지 밀턴의 시에서 인류의 모험이 순조롭게 진행되고 있었기 때문에, 밀턴은 악마를 의인화의 관점에서 묘사해야 한다는 생각에서 벗어났고, 이러한 그의 방식이 인간 예외주의(human exceptionalism)를 손상시켰을 것이다. 19세기가 한참 지나도록 선사 시대 생물에 관한 글에서 밀턴은 자주 인용되지 않았다.

런던 지질 학회(London Geological Society)의 존경받는 회원이자 영국 최고의 화석 수집가로 손꼽히는 토머스 호킨스(Thomas Hawkins, 1810~1889)는 『거대 바다룡, 어룡류 및 사경룡류 책(The Book of the Great Sea-dragons, Inchthyosauri and Plesiosauri)』(1840)에

요한 쇼이흐처의 『성서 과학』(1731)에 실린 삽화로, 에덴동산의 뱀과 함께 전경에는 현대의 뱀을 그려 넣었다. 성경에서 뱀은 말할 수 있는 능력을 소유하여 다른 동물과 구별된다. 이 중 한 마리는 거의 공룡처럼 보인다.

『실낙원』(1866)에 실린 귀스타브 도레(Gustave Doré, 1832~1883)의 삽화. 멀리 지평선이 보이는 가운데 타락한 영혼들과 전쟁을 치르는 천사가 험준한 산악 지대를 순찰한다.

『실낙원』(1866)에 실린 귀스타브 도레의 삽화. 사탄이 자신의 부하들에게 이브를 유혹하기 위해 뱀으로 변한 것에 대해 자랑스럽게 떠벌렸다. 그는 박수갈채를 기대했지만 그 대신 경멸의 소리를 들었는데, 하느님이 그와 다른 악마들을 뱀으로 만든 탓이다.

서 밀턴의 영향력을 드러냈다. 고생물학이 아직 낯선 분야였던 당시에 그는 『실낙원』을 인용하여 신성한 존재들이 타락한 천사들을 어떻게 추방했는지 다뤘다. 그는 이어서 다음과 같이 썼다.

『실낙원』(1866)에 실린 귀스타브 도레의 삽화. 사탄은 석회암으로 보이는 높은 벼랑에 매달려 있는데, 이 암석은 이후 초기 지질학자와 고생물학자들에게 영감을 줄 것이다. 사탄의 날개가 조류가 아니라 박쥐의 날개와 비슷하다는 점이 눈에 띈다.

그리고 이 위대한 거대 바다룡과 사경룡류(해양 파충류의 총칭으로 수장룡이라고도 한다. 고대 파충류이지만 공룡은 아니다. - 옮긴이)의 뼈는 여호와께서 진노하며 방문하신 도벳(몰록)의 사악한 식민지 가운데 하나의 유해로, 여호와는 격렬한 분노와 의분으로 영원히 그 세계를 휩쓸어 버리셨다. 저주받은 왕국은 하나같이 같은 방식으로 멸망하고 그 아치 형상의 지배자는 마침내 인간의 마음속에 남은 성채로

2. 용은 어떻게 공룡이 되었나　59

아돌프 프랑수아 판메이커(Adolphe François Pannemaker, 1822~1900)의 『원시 세계(*Primitive World*)』(1857)에 실린 삽화. 19세기 초중반의 다른 여러 삽화와 마찬가지로 이 그림에서는 종말을 맞이하여 불타는 하늘의 모습과 피가 낭자한 포식의 장면을 함께 배치한다. 하느님이 야만적인 원시 생명체를 처벌한다는 의미이다.

몰려갔다가 쫓겨나 영원히 지옥으로 떨어지게 될 것이다.[7]

호킨스의 입장에서 원시 시대의 도마뱀은 지구 역사 초기의 자취였지만, 꼭 선사 시대의 생명체이거나 완전히 멸종된 것은 아니었다. 그의 작품은 거대 파충류가 한때 인류와 함께 존재했다는, 오늘날에는 매우 흔한 상상에 관한 최초의 발화일지도 모른다.

하지만 밀턴의 영향력이 가장 크게 미친 부분은 심원한 시간에 일어난 사건을 시각화하는 방식이었을 것이다. 집필할 당시 밀턴은 시력을 잃은 상태였으나 『실낙원』은 상당 부분 시각적 환기에 의존하고 있다. 이 무운시의 운율은 우아하고 장엄하지만 변주는 많지 않다. 사탄, 하느님, 예수 그리스도, 아담과 이브를 포함한 모든 인물이 똑같은 어조와 구문, 어휘를 사용한다. 그러나 이 작품의 정서적인 힘은 주로 연속된 환각적 이미지로, 이야기가 전개되는 방식에서 나온다. 이 이미지들은 근접 관찰과는 거리가 멀고 광대한 시공간을 아우르는 우주적 상상력을 바탕으로 한다.

『실낙원』(1688)에 실린 메디나 세례 요한의 삽화. 천사 가브리엘이 아담에게 하느님에게 순종하지 않을 경우 일어날 미래를 보여준다. 『실낙원』의 첫 번째 삽화 판본에 이미 거칠고 광대하며 암석이 가득한 풍경이 나왔는데, 이것은 후에 화가들이 먼 과거의 장면을 그릴 때 배경으로 사용할 것이었다.

『실낙원』의 첫 번째 삽화 판본에는 일부 메디나의 세례 요한(John Baptist de Medina, 1659~1710)이 만든 도안에 따라 미카엘 뷔르헤서(Michael Burgesse)가 새긴 것으로 드러난 초기작이 실렸다. 먹구름, 천체, 암석의 노두, 빽빽한 초목이 특징적인, 광활한 경관으로 둘러싸인 채 작은 인물들이 과장된 자세를 취하는 오래된 회화 양식이 이미 이 그림에서 자리를 잡았는데, 이런 관습은 전례가 없었다. 플랑드르 예술가들은 약 200년 동안 광활한 경관을 배경으로 종교적인 장면을 묘사했다. 예를 들어 빛이 나무를 통과하는 장면을 통해 피조물의 장대함을 강조하여 창조주가 존재한다는 것을 보여주는 식이었다. 배경을 매우 공들여 그리곤 했으며, 인간의 형상과 같이 신성한 의미로 그림을 가득 채운 듯 보였다. 그러나 『실낙원』의 삽화는 인류의 등장 이전에 일어난 이야기를 탐색하는 전통을 확립했다. 뷔르헤서가 세운 기본 공식은 이후 200년 동안 존 마틴(John Martin, 1789~1854), 윌리엄 블레이크(William Blake, 1757~1827), 귀스타브 도레 등의 다른 서사시 삽화가를 통해 명맥을 이었다. 우연인지 모르겠지만 아담의 타락이라는 극적인 사건은 거친 풍경을 배경으로 했는데, 초기 고생물학자들이 특별히 관심을 기울일 만한 장면이었다.

심지어 『거대 바다룡, 어룡류 및 사경룡류 책』의 저자인 호킨스보다, 이 책의 권두 삽화를 그린 존 마틴이 막 떠오르던 고생물학 분야에서 밀턴의 예지력을 널리 알리는 데 더 많은 도움을 주었다. 마틴은 이미 성서에 등장하는 재앙을 전문적으로 그리는 화가로 대단히 유명해졌다. 그의 그림은 자연의 분노에 맞서는 아주 작은 인간 군상을 보여주곤 했다. 마틴은 호킨스와 같이 일하기 15년 전쯤, 밀턴의 『실낙원』 삽화를 위해 다양한 판화 작업을 했다. 이 작업에서 그는 극소수의 사람들을 표현할 때를 제외하고, 어둠에 잠겨 거의 황량하게 보이는 상상의 열대 파노라마를 묘사하기 위해 명암 대비를 많이 사용했다. 마틴은 권두 삽화에서 이런 작업 방식을 확장하여 선사 시대 생물들이 달빛이 어슴푸레 비치는 음산한 해안에서 서로 싸우고 잡아먹는 모습을 그렸다. 그는 또한 기디언 맨텔 같은 초기 고생물학자들과 인기 작가들이 쓴 책의 삽화 작업을 하며 공룡, 익룡과 다양

존 마틴, 토머스 호킨스의 『거대 바다룡, 어룡류 및 사경룡류 책』(1840)에 실린 권두 삽화. 선사 시대 생물의 초기 묘사는 종종 고딕 호러풍으로 그려졌다.

한 해양 생물이 등장하는 장면을 비슷한 방식으로 그렸다. 튀어 나온 눈, 팽팽하게 긴장된 근육과 크게 벌어진 턱뼈가 적어도 한 세대 동안 선사 시대 동물의 주된 이미지로 자리 잡았다.

밀턴의 『실낙원』 덕분에 사람들은 인류가 등장하기 이전의 세상을 그려볼 수 있었다. 19세기 그림에 등장하는, 공룡과 비슷하지만 커다란 날개를 가진 익룡은 박쥐를 연상시키는 날개 모양 때문에 서양 도상학의 악마와 특히 닮아 보인다. 초기 고생물학자인 윌리엄 버클랜드와 소설가 찰스 디킨스(Charles Dickens, 1812~1870)는 각자 익룡을 밀턴의 작품에 등장하는 사탄과 비교했다.[8] 무엇보다 『실낙원』과 그 안에 실린 삽화 대부분은 거의 끝없이 팽창하는 우주관과 시간관을 반영했다. 가장 중요한 등장인물조차 매우 작게 그려진 반면 지평선은 그 끝이 없는 듯 보인다.

존 마틴, 「지옥으로 들어가는 타락한 천사들(Fallen Angles Entering Pandemonium)」(1841), 밀턴의 『실낙원』에 실린 삽화. 이 그림이 100여 년 후에 그려졌다면, 분명 금지된 화성에 착륙하는 인간에 관한 공상 과학 소설의 삽화로 볼 수도 있었을 것이다.

작가들이 밀턴의 『실낙원』에 내재된 시각과 최근의 고생물학적 발견을 결합하려고 노력했고 그 결과 천사와 악마, 공룡, 매머드, 성서 예언자 등이 등장하는 장대한 이야기가 탄생했다. 이사벨라 던컨(Isabella Duncan, 1877~1927)은 인기를 모은 자신의 저서 『아담 이전의 인간(Pre-Adamite Man)』(1860)에서 밀턴이 시적 허용을 과용했다고 비판하며 고생물학과 성서의 내용을 두루 살펴 그의 오류를 바로잡고자 했다. 밀턴은 하느님이 사탄의 반란으로 너무 많은 천사들을 잃은 뒤에 천국을 재건하고자 인류를 창조했다고 말했다. 던컨은 더 나아가 성경 속 창조에 관한 두 이야기의 첫 번째가 아담과 이브에 관한 것이 아니라 훨씬 더 이전에 일어난 인간 창조에 관한 것이라고 주장했다. 첫 창조로 만들어진 사람들은 어떤 삶을 살았는가에 따라 종국에 천사나 악마가 되었다. 던컨은 당대의 연구 결과를 바탕으로 아담 이전의 인류와 그 시대의 동물들이 빙하기에 멸종되었다고 말했다. 또한 원시 생물의 거대한 뼈와 함께 돌도끼 등 다른 도구가 여럿 발견되었지만 같은 시기의 인간 뼈가 잘 보이지 않는 것은 인간이 다른 영역으로 이동했다는 증거라고 했다.[9]

『실낙원』은 대부분의 등장인물이 인간의 일반적인 약점을 전혀 갖지 않고 단지 인간 형상과 닮은 정도였다는 점에서 인간 중심주의의 전통을 거부했다고 볼

존 마틴, 「이구아노돈의 나라(The Country of the Iguanodon)」(1837). 이 수채화는 기디언 맨텔의 저서 『지질학의 불가사의(The Wonders of Geology)』에 권두 삽화로 실렸으며, 낭만주의와 종교 예술의 전통을 적용하여 선사 시대의 생명체를 묘사했다.

수 있다. 하지만 다른 관점에서, 『실낙원』은 아직 창조되지 않은 인류를 중심으로 서사의 상당 부분을 전개함으로써 거의 전례 없이 극단적인 인간 중심주의를 전한다고도 볼 수 있다. 이것은 수세기에 걸쳐 대중적 과학 서적은 물론 전문 과학 서적에 선례가 되었는데, 이들 책에서는 지질학과 진화론을 인류에 이르러 정점에 이르는 장대한 서사시를 설명하는 것으로 사용했다.

경외심과 경이감

광대한 규모의 심원한 시간은 종교적 경외심을 불러일으켰고, 이것은 자연 형태의 복잡한 구성을 향한 경이감과 뒤섞였다. 지구와 초기 생명체에 대한 연구는 종교적 편견을 극복하는 문제가 아니었고, 오히려 종교적인 열정에 의해 상당 부분 주도되었다. 19세기 후반까지 특히 영국의 저명한 지질학자와 고생물학자는 대부분 성직자이거나 적어도 종교인이었으며, 아타나시우스 키르허(Athanasius Kircher, 1602~1680), 토머스 버넷(Thomas Burnet, 1635~1715), 로버트 플롯, 요한 야콥 쇼이흐처, 윌리엄 버클랜드, 조르주 퀴비에, 아담 세즈윅(Adam Sedgwick, 1785~1873), 윌리엄 코니베어(William Conybeare, 1787~1857) 등이 그 예이다. 찰스 다윈(Charles Darwin, 1809~1882)조차 젊은 시절 성직자로 일했다고 한다. 이중 다수가 쇼이흐처나 버클랜드 같이 과학이 성경의 내용을 어떻게 뒷받침하는지 증명하려는 의도로 시작했거나, 밀턴이 『실낙원』의 첫 장에 남긴 유명한 구절처럼, '인간에 대한 하느님의 뜻이 올바름을 입증하려' 시작했지만, 결국 그들의 주장과 어긋나는 발견들만 이어졌다.

1673년, 정통 예수회에 속한 아타나시우스 키르허가 『노아의 방주(Arca Noë)』를 출판했고, 이 책에서 그가 대홍수를 통해 설명한 것들은 근대 사회의 여러 특징을 담고 있었다. 태고 시대는 이따금 등장하는 거대한 뼈로 설명되는 거인의 시대였다. 그는 또한 어떤 동물들은 방주에 올라타지 않았다고 주장하며 초기 멸종 이론을 제시했다. 이런 개념은, 다른 성경 장면과 마찬가지로 노아의 방주를 표현한 그림들도 어느 정도 양식화되었던 중세의 도해법에서 그 기원을 찾을 수 있었다. 원숭이처럼 (유럽인의 입장에서) 이국적인 동물들은 거의 포함되지 않았다. 유니콘은 때로 방주로 들어가는 것으로 그려지기도 했지만, 용과 그리핀은 그렇지 않았다. 키르허는 오직 순수 혈통의 동물 품종만 구원되었다고 말하며 이를 부분적으로 설명했다. 표범과 낙타의 교배종인 기린은 배에 오르지 못했다. 아마딜로는 고슴도치와 거북이의 교배종이었다. 키르허는 또한 용들이 땅 아래의 동굴에서 살아남았다고 생각했는데, 성 게오르기우스의 이야기에 용이 등장한 것을 보면 이를 설명할 수 있다.[10] 키르허가 가장 큰 영향을 미쳤다고 볼 수 있는 부분은 세계사를 태고, 대홍수 이후, 성육신 이후의 세 단계로 나눈 것이다. 이런 기본 구조는 이후 수백 년 동안 많은 사상가에 이어졌고 오늘날에도 많은 근본주의자가 이 분류를 따른다.

토머스 버넷은 1681년에 『신성한 지구론(Sacred Theory of the Earth)』을 발간하며 성경의 노아 이야기에 기록된 대홍수가 지구를 완전히 바꿔 놓았다고 주장했다. 그는 무엇보다 대기 중에 농축된 것을 포함해도 세계에 존재하는 전체 물의 양이 전 세계의 산을 완전히 잠기게 하기에 충분하지 않았다고 주장했다. 그는 지구 표면 아래 비어있는 공간이 물로 채워졌다는 결론을 내렸다. 하느님이 이 세상을 정화하기 위해 일시적으로 심연을 열어 홍수를 일으켰고, 그 뒤 다시 한번 심연을 열어 물이 빠지게 했다. 버넷의 말에 따르면 대홍수로 모든 것이 바뀌어 버려 '자연이 용해된 것' 같았다.[11] 노아가 구원한 소수를 제외한 모든 인간과 동물들이 사라졌을 뿐만 아니라, 이전에는 완벽하게 평평했던 지구 표면이 산과 계곡으로 변했고, 높낮이가 다른 지형으로 인해 어떤 곳은 물로 완전히 가득 차 강과 바다가 되었다. 대홍수가 일어나기 전에는 지축이 완벽한 수직이었고 기후도 늘 온화했으나 홍수의 영향으로 축이 기울어져 계절이 뚜렷이 구분되었고 고르지 못한 지형 때문에 돌풍과 폭풍우가 생겨났다. 지구는 한때 온갖 형태의 생명을 만들어

낸 태고의 비옥함을 대부분 상실했다. 그렇지 않았다면 노아가 동물들을 지켜낼 필요가 없었을 것이다. 하느님이 홍수로 예전의 지구를 말살했듯, 현재의 지구는 결국 불에 타 없어지겠지만 또 다른 세상이 그 자리를 대신할 것이다.

버넷은 태고의 세계를 완벽한 질서와 조화, 대칭을 이룬 곳으로 묘사했지만, 앞서 키르허가 말했듯이 태고의 세계는 고대 전설부터 공룡 뼈에 이르기까지 온갖 이형(異形)들의 쓰레기 하치장이 되었다. 버넷과 키르허의 이론은 밀턴의 시와 마찬가지로 어떤 과학 서적이나 문학 작품에서도 전례를 거의 찾아볼 수 없는 웅장한 규모의 우주 드라마를 내포하고 있었다. 그들은 먼 과거가 본질적으로 시대를 초월한 것이라고 생각하지 않고 시대별로 구분한 뒤 각 시대를 이야기들로 채웠다. 약 100년 후, 연구자들은 그 시대를 공룡으로 채우게 된다.

18세기에 스웨덴 식물학자 칼 폰 린네(Carl von Linnaeus, 1707~1778)는 우리가 사는 시대와 완전히 다르지 않은 한 시대와 마주하게 되었는데, 그 시대에는 발견과 추측이 난무하는 바람에 사고의 토대가 혼돈에 빠지게 될 위험에 처한 듯했다. 유인원과 원주민이 새롭게 발견되었고, 이 둘이 종종 서로 헷갈리기도 했으며, 이 때문에 초기 과학자들이 인류의 본질을 다시 생각하게 되었다. 아르마딜로나 주머니쥐와 같이 유럽인들이 이전에 알지 못했던 낯선 생물에 관한 보고서가 등장하면서 알려진 것보다 훨씬 다양한 생명체가 존재할 수 있다는 사실이 입증되었다. 땅 밑에는 거대한 뼈가 있었고, 현미경 렌즈 아래에는 엄청나게 다양한 생명체가 놓여 있었다. 린네는 과학자라면 누구나 다양한 생명체에 두루 적용하고자 했을, 가장 정교한 질서를 만들어 이런 혼란을 타파하려고 노력했다. 여기에는 모든 동물군과 식물군을 창세기에 상응하는 7단계의 계급 체계로 분류하는 작업도 포함되었다. 이 덕분에 낯선 생물이 거의 친숙해 보이기까지 했고, 중대한 여러 변화도 환상에 불과해 보였다. 린네는 스스로를 새로운 아담으로 간주하고 동물들의 이름을 지어 질서를 부여했다. 종의 개념은 그가 『자연의 체계(Systema naturae)』 (1735) 초판을 내기 전까지 없던 것이지만, 많은 사람들이 종의 불변성을 매우 빠르게 받아들여 상식화했다. 또한 지질 조사를 통해 아무도 몰랐을 동식물의 화석 잔해가 꾸준히 발견되었다.

심원한 시간의 개념과 밀접하게 연관된 것은 종의 멸종에 관한 개념이었다. 옛 이야기에서 사람이 동물로 변하거나 동물이 사람으로 변하는 일화가 자주 등장하는 것에서 알 수 있듯이 고대 문화에서는 생물학적 정체성을 매우 유동적으로 생각했다. 생명체를 계층적으로 분류할 때 궁극적인 단위로 간주되는 종의 개념은, 중세인과 르네상스인의 사고에 부분적으로 내재되어 있었으나 린네 이전에는 구체화되지 않았다. 여러 예술가들이 노아의 방주 삽화 속의 현존하는 모든 동물의 목록을 만들기 위해 노력했고, 키르허 등의 몇몇 작가는 심지어 그 모든 동물을 구조적으로 표현할 수 있는 방법을 찾아 도식화하려고 시도했다. 조르주 퀴비에가 자신의 저서 『지구 이론에 관한 소론(Essay on the Theory of the Earth)』(프랑스판, 1813)에서 '격변설'로 알려진 멸종 이론을 주장했을 때 많은 사람들이 심히 불안을 느꼈다.

숭고함

공룡이 처음 발견된 시기는 낭만주의 운동으로 숭고의 미학이 지배하던 때였다. 공룡의 특성은 조화로운 비율과 평화로운 사색에 기반한 아름다운 신고전주의적 이상에 배치되었다. 1757년에 초판 발행된 에드먼드 버크의 『숭고와 아름다움의 이념의 기원에 대한 철학적 탐구(A Philosophical Enquiry into the Origin of Our Ideas of the Sublime and Beautiful)』에 따르면 숭고함의 궁극적인 토대는 공포이다. 공포의 감정은 규모의 웅장함에서 유발된다. 잘 가꾼 정원이 보이는 목가적인 풍경이 아름다울 수 있지만 거칠고 금지된 것들은 숭고하다.[12]

심원한 시간의 발견은 대부분 근대 세계에 대한 낭만주의적 반응의 일부이기도 했다. 빠른 속도로 산업화가 이루어지자 먼 과거에 대한 향수가 생겼고, 먼 과거가 더 자연스럽고 진짜인 것처럼 보였다. 시골 풍경이 파괴되면서 이런 반응은 더욱 극단적으로 변했다. 윌리엄 워즈워스(William Wordsworth, 1770~1850)와 존 키츠(John Keats, 1795~1821) 같은 시인들의 목가적인 명상은 유행에 뒤처졌다. 앨프리드 테니슨(Alfred Tennyson, 1809~1892) 같은 작가들, 귀스타브 도레 같은 삽화가들, 윌리엄 터너(William Turner, 1775~1851)나 외젠 들라크루아(Eugene Delacroix, 1798~1863) 같은 화가들은 자연과 인류의 장대한 대립을 보여주었다. 탐험가들이 거대한 뱀과 인육을 먹는 사람들로 가득한 원시림을 다녀왔다는 말들이 이어지며 목가적인 상상은 한층 더 부정되었다. 공룡은 원시 시대가 불러일으키는 두려움과 매력의 전형이 되곤 했다.

무엇보다 낭만주의 예술가들과 시인들은 스코틀랜드의 황무지와 특히 스위스의 산악 지형 같은 불규칙한 지질 구조에서 숭고함을 보았다. 바이런과 테니슨 등의 시인들은 이런 자연 환경에 찬사를 보냈고, 수많은 대중 고딕 소설은 물론이고 메리 셸리(Mary Shelley, 1797~1851)의 『프랑켄슈타인(*Frankenstein*)』, 에밀리 브론테(Emily Brontë, 1818~1848)의 『폭풍의 언덕(*Wuthering Heights*)』, 월터 스콧(Walter Scott, 1771~1832)의 『래머무어의 신부(*The Bride of Lammermoor*)』와 같은 영향력 있는 문학 작품의 배경이 되었다. 100년이 넘는 세월 동안, 시인들은 사회적 의무로 구성되는 아름다운 것들에 대한 생각과 사적인 고립을 수반하는 숭고한 것들에 대한 생각 사이에서 끝없이 흔들렸다. 사람들이 초월적이라고 생각한 풍경은 퀴비에 같은 고생물학자들과 제임스 허턴(James Hutton, 1726~1797), 찰스 라이엘(Charles Lyell, 1797~1875) 등의 초기 지질학자들을 사로잡았다. 광대한 시간의 문이 열리며 경외감을 불러일으켰다. 심원한 시간은 숭고한 영역이었고, 공룡은 신이 되었다. 근대의 부르주아적 존재가 갖는 하찮음에 좌절을 느낀 많은 이들에게 공룡은 어마어마한 규모의 생명력을 보여주는 것처럼 보였다.

대니얼 워스터(Daniel Worster, 1941~)에 따르면,

갈라파고스나 안데스 산맥이 야만적이고 두려웠기에 다윈에게 어떤 즐거움을 선사했다는 사실은 그를 비롯한 당대의 사람들이 감정 교육을 받은 결과였다. 1830년대까지 마음속에 두려움을 남기는 자연적 경험을 찾아내는 것은 미국인과 유럽인 들이 공통으로 바라는 일이 되었다.[13]

시인들과 마찬가지로 당대의 과학자들도 폭력, 야만과 대립하며 자연과 하나가 되고자 했다. 자연의 힘은 태풍, 지진, 폭우, 화산 등으로 모습을 드러냈고, 이 모두는 초기 지질학자와 고생물학자들의 세계에서 주목을 받았다. 보다 일상적으로 자연의 힘을 드러내는 가장 중요한 징후는 동물들 간의 포식을 비롯한 여타 갈등이었다. 심원한 시간의 관점에서 이런 징후가 극적으로 드러나는 것은 종의 멸종이었고, 이는 조르주 퀴비에가 자신의 저서에서 분명히 주장한 내용이다. 그리고 이 모든 주제를 가장 잘 요약한 이미지는 화산 배경의 붉은 하늘 아래 먹잇감과 사투를 벌이는 육식 공룡일 것이다.

마침내 1859년에 다윈의 『종의 기원(On the Origin of Species)』이 발간되며 '생존경쟁(struggle for existence)'의 개념이 정립되었고, 심원한 시간에 일어난 사건에 상당히 극적인 상황을 더할 수 있었다. 이 개념은 종 간의 경쟁, 생물학적 과(科) 간의 경쟁 등으로 구성된다. 이는 다시 개인이나 집단으로서의 인간에 적용 가능하다. 메갈로사우루스가 이구아노돈과 싸운다면, 응원할 상대를 고를 수 있다. 그리고 악어, 양서류, 공룡, 포유류와 같은 집단은 우월함을 두고 경쟁하는 국가와 같다.

밀턴은 선사 시대를 처음 묘사한 선구자로, 거친 풍경, 광활한 지평선, 죽음을 불러오는 갈등, 힘이 센 인물, 강렬하지만 단순한 감정을 그려냈다. 이는 공룡이 등장하는 오늘날의 시각 예술에도 여전히 유효하다. 모든 것이 위험하지만 어떤 것도 하찮지 않으며, 모든 것이 방대한 규모를 취하는 세상이다. 이런 세상은 우리가 일상의 평범하고 자질구레한 것들로부터 벗어날 수 있게 해준다.

『카트린 드 클레브 시도서(*the Hours of Catherine of Cleves*)』(1440년경)에 실린 지옥의 입구 삽화. 중세 시대에는 지옥을 죄인들을 집어 삼킨 거대한 입으로 묘사하곤 했다.

3 거구 씨와 난폭 씨

센트럴 파크의 느릅나무 사이에서 티라노사우루스가 튀어 나오며 그
이빨에 물린 모건종의 경찰마가 울부짖는 모습을
단 한 번만이라도 볼 수 있다면, 내 인생의 시작에서 10년을
떼어 줄 수 있다. 우리는 결코 자연을 충분히 경험하지 못한다.

에드워드 애비(Edward Abbey, 1927~1989), 『다운 더 리버(Down the River)』

여러 문화권에서 전통적으로 지옥은 날카로운 이빨을 드러내며 크게 벌린 입으로 묘사된다. 먹이가 된다는 것은 죽음에 관한 일반적인 은유이다. 포식은 삶에 관한 은유이기도 한데, 우리가 다른 생명체를 소비함으로써 살아가는 탓이다. 하지만 포식은 추격의 스릴을 통해 또 다른, 보다 긍정적인 은유를 드러내며, 그 결과 삶은 탐색으로 이해된다. 문화 인류학자 발터 부르케르트(Walter Burkert, 1931~2015)는 『성(聖)의 탄생(Creation of the Sacred)』(1996)에서 스토리텔링과 그에 따른 인류 문화가 추격에서 시작되었다고 주장하기까지 했다. 사냥을 하고 그 과정에서 포식자들에게 위협 받는 것은 초기 인류에게 상당히 보편적인 경험이었음이 분명하고 오늘날에도 이런 경험은 곧잘 강렬한 감정을 불러일으킬 수 있다.

양치기와 농부가 동물을 바라보는 관점은 근본적으로 다르다. 양치기의 삶에서 포식자는 끝없는 위협으로 작용한다. 농부에게 포식자는 축복이다. 농작물을 먹어 치우는 동물들을 죽여 없애 주기 때문이다. 이 두 집단 간의 대립은 농부 카인이 양치기 아벨을 죽인 최초의 살인에 관한 성경 이야기의 토대가 되었다.

이런 대립 관계는 포식자이지만 양을 지키도록 훈련 받은 개와 인간이 동맹을 맺으며 복잡해졌다. 그러나 기본적인 태도는 역사 내내 계속되었고 가축과 포식자는 둘 다 여전히 상반된 감정을 불러일으킨다. 보통 통치자들과 귀족 가문들은 자신의 영토로부터 부를 획득하며, 자신을 늑대나 곰, 사자와 같은 육식 동물과 동일시했다. 소작농들은 농장 동물들을 돌보고 평등주의 질서를 열망하며, 소나 양과 같은 초식 동물에게 친밀감을 느꼈다.

향수를 불러일으키는 에덴동산의 이미지 옆에 나란히 위치하는 것은 대항 신화(countermyth)로, 그 안에서 끝없는 폭력과 포식으로부터 삶이 시작된다. 지구는 한때 마주치는 모든 것을 끊임없이 먹어 치울 듯한, 거대한 포식자들의 영역으로 파충류가 대부분이었다. 이들 포식자에는 이집트의 아포피스(Apophis), 메소포타미아의 티아마트(Tiamat), 그리스의 티탄(Titans), 조로아스터교의 아리만(Ahriman) 등이 있다. 일례로 그리스 신화의 우라노스(Uranus)는 많은 포식자들이 종종 그러하듯 자신의 아이가 태어나자마자 잡아먹는다. 아내 가이아(Gaia)가 그의 아이들 중 하나인 크로노스(Cronos)를 구했는데, 크로노스는 우라노스를 타도했지만 결국 자신도 자손을 잡아먹었다. 이런 신화는 신과 영웅 들의 노력으로 세상이 차츰 더 문명화되었으나, 언제라도 불쑥 튀어나와 세상을 혼돈 속으로 되돌릴지 모를 원시적인 폭력의 토대를 간직하고 있다는 관점을 드러낸다.

아브라함 계통의 종교는 많은 경우 인간의 원죄를 동물들의 포식 행위와 결부시켰다. 에덴동산의 원래 이야기에서 모든 동물은 한때 길들여져 있었고 평화로운 삶을 살았다. 그들은 서로를 잡아먹지 않았을 뿐만 아니라 인간처럼 말했는데, 이런 이유로 뱀이 처음 이브에게 말을 걸었을 때 이상해 보이지 않았던 것이다. 여러 종교적 전통에 따라 동물들은 노아가 대홍수로부터 그들을 구하고 하느님이 인류에 신약을 선포하기 전까지 서로를 잡아먹지 않았다. 그렇지 않았다면 그들은 노아의 방주에서 서로를 잡아먹었을 것이다. 예언자 이사야(Isaiah)는 다음과 같이 육식 동물과 그들의 사냥감의 화해를 예견했다. '이리와 어린 양이 함께 먹을 것이

폴란드 루빈 브로츨라프스키 공원에 설치된 티라노사우루스 모형의 입에 앉아 있는 소년. 우리가 공룡에 매혹되는 까닭은 주로 포식과 관계되며, 심지어 공룡의 먹잇감이 되는 것도 역설적인 호소력을 갖는다.

며 사자가 소처럼 짚을 먹을 것이며 (중략) 나의 성산에서는 해함도 없겠고 상함도 없으리라(이사야 65장 25절).' 중세 기독교에서 지옥은 일반적으로 끝없는 포식의 장소로, 그 안에서 악마가 영원히 죄인들을 요리하고 먹어 치우고 없애 버리는 곳으로 여겨졌다.

18세기와 19세기에 근대 지질학이 등장하고 공룡들이 발견되면서, 사람들이 처음에 상상한 원시 시대는 괴물들이 서로 끊임없이 싸우고 잡아먹는 혼란과 끝없는 폭력의 시대였다. 이후의 몇백억 년의 시간은 근대 유럽 사회에서 정점에 다다른 점진적인 '문명화' 과정이었다. 이구아노돈 같은 몇몇 공룡들의 겉모습은 초식 동물을 본떠 만들어졌지만, 날카롭고 거대한 이빨을 드러내고 위협적인 자세를 취한 모습으로 자주 묘사되었다. 다윈의 진화론이 등장하면서 단순히 살아남는 것이 포식의 모습으로 비춰지게 되었다. 생존은 다른 생명체와 경쟁하는 과정에서 상대의 희생을 통해서만 가능하기 때문이다.

19세기 서양인들에게, 그중에서도 특히 영국인들에게 어떤 동물이 다른 동물을 잡아먹는 이유는 과학적인 문제일 뿐만 아니라 형이상학적인 문제였다. 자연 연구는 그때까지도 주로 자연계의 신성한 계획을 밝히고 신의 지혜를 증명하고자 한 자연 신학의 영향을 받았다. 이런 관점에서는 육식 동물의 존재조차 우주 본질의 분명한 결함으로, 우주의 근본에 존재하는 잔인함이 발현된 것으로 이해했다. 이 학파의 근간이 되는 것은 윌리엄 페일리(William Paley, 1743~1805)의 『자연 신학(*Natural Theology*)』으로, 다음과 같은 내용을 포함한다. '서로를 잡아먹는 동물이라는 주제가 신의 섭리를 보여주는 유일한 예는 아닐지라도 중요한 부분을 차지한다. 그 안에서 실용의 성격이 문제가 될 수는 있을 것이다.'[1] 페일리는 이 세상이 무한한 수의 생명체를 지탱할 수 없기 때문에 죽음이 필요하다고 주장하면서 이 문제를 상당한 기간에 걸쳐 연구했다. 어마어마한 번식력을 가진 청어나 피라미 같은 특정 종이 전 세계에 급속히 퍼지지 못하도록 포식자들이 그 수를 조절해야 한다. 포식자에 의한 죽음은 질병이나 기아로 인해 서서히 사라지는 것과 비교할 때 상대적으로 자비롭다.

이는 자연 세계의 모든 생물들이 동시에 생겨나 모두 번성할 수 있었다는 페일리의 핵심 주장과 분명 일치한다. 그는 이것이 창조주의 지혜와 자비의 증거라고 했다. 그의 주장은 어느 정도 타당했지만 현존하는 고통의 정도를 생각하면 감정적으로 받아들이기 힘들었다. 페일리 자신조차 이를 완벽하게 받아들이지 못했고, 원래의 논조에 약간의 비애를 더해 열정과 분석적 객관성 사이를 오갔다. 그는 이 문제를 완전히 해결할 수 없다고 고백하며 '우리가 알고 있는 것보다 더 많은 이유가 있을 가능성이 크다'고 말했다.[2] 브리태니커 백과사전의 첫 번째 편집자였던 윌리엄 스멜리(William Smellie, 1697~1763)는 자신의 고뇌를 훨씬 더 직접적으로 표현했다. '자연계 전체에 걸쳐 (중략) 개체를 강탈하고 말살시키는 존재만이 승리한다.' 그는 페일리와 비슷한 주장을 폈는데, 일부 개체의 약탈과 파멸이 다른 개체에 더 큰 이익을 가져다 줄 수도 있다고 말했다. 그렇지만 그는 다음과 같이 묻지 않을 수 없었다. '자연은 왜 그토록 잔인한 체계를 만들었을까? 자연은 왜 한 동물이 다른 동물을 죽이지 않고는 살아남을 수 없게 만들었을까?' 그는 이 수수께끼 앞에 자신의 무력함을 고백하면서 이렇게 대답했다. '이런 질문에는 답을 하거나 어떤 답도 기대할 수 없다. 창조주 외에는 누구도 이런 신비를 밝힐 수 없는 것이다.'[3]

19세기에는 호랑이와 같은 육식 동물이 본질적으로 악마라고 생각하는 사람들이 많았다. 물론 이런 식의 경멸감에는 종종 그들의 아름다움에 대한 감탄이 섞여 있긴 했다. 늑대는 유럽의 여러 지역에서 남획되어 멸종 위기에 처해 있었고, 미국에서는 거의 멸종되었다. 포식자, 특히 가축을 죽이는 동물을 없애기 위한 캠페인은 도덕성 회복 운동이 되었다. 이크티오사우루스와 플레시오사우루스가 사는 바다는 처음에 '먹고 먹히는' 마구잡이 포식의 장으로 이해되었다. 19세기 초의 그림에 등장하는 원시 괴물들은 문자 그대로 서로의 목숨을 노리고 있는데, 어떻게 끝이 날지 궁금해질 정도였다. 공교롭게도 용, 악마, 천사의 존재에 대한 믿음이 사라지기 시작할 무렵에 공룡이 발견되었다. 공룡은 필연적으로 앞선 세 주체가 떠난 자리에 들어서며 그들이 각각 상징하던 바를 모두 획득했다.

메갈로사우루스와 이구아노돈

우리는 공룡을 떠올릴 때 난폭한 육식 동물과 거대하고 무시무시한 초식 동물이라는 전형적인 한 쌍을 생각한다. 이런 사고 양식은 1820년대 초 영국에서 거의 같은 시기에 발견된 최초의 두 공룡으로부터 시작되었다. 메갈로사우루스는 티라노사우루스 렉스와 비슷한 육식 동물로, 1824년에 윌리엄 버클랜드가 처음 명명했고, 거대한 초식 공룡인 이구아노돈은 약 2년 후 기디언 맨텔이 명명했다. 이후 수십 년 동안 이 두 공룡은 끊임없이 입에 오르고 나란히 묘사되면서 함께 공룡의 대중적인 이미지를 만들어냈다.

버클랜드가 옥스퍼드셔에서 발견한 메갈로사우루스의 뼈는 초기에 발견된 다른 모든 공룡과 마찬가지로 전체가 아닌 일부였지만, 그는 하악골을 보고 육식성의 파충류라고 판단했다. 그는 그 뼈가 거대한 왕도마뱀이라고 개념화하여 생각했다. 퀴비에는 이를 참고하여 그 뼈 주인의 길이가 대략 12미터라고 추정했다. 버클랜드의 친구인 윌리엄 코니베어는 한 강연에서 메갈로사우루스에 대해 다음과 같이 말했다.

> 메갈로사우루스는 도마뱀의 머리에 악어의 이빨과 뱀의 몸통을 닮은 엄청난 길이의 목은 물론, 사족동물과 같은 비율의 몸통과 꼬리, 그리고 카멜레온의 갈비뼈와 고래의 지느러미발을 결합한 모습이다.[4]

그러나 아무도 그런 생명체를 시각화할 방법을 알지 못했고, 대중 출판물이 그 모습을 쉽게 인식할 수 있도록 양식화했다.

C. E. 빌(C. E. Beale)이 편집한 게이틀리(Gately)의 『세계의 진보: 지구 형성 및 인류 진보에 대한 일반 역사(*World's Progress: A General History of the Earth's Construction and of the Advancement of Mankind*)』(1865)에 실린 삽화로, 이구아노돈과 메갈로사우루스가 싸우는 모습을 그렸다. 수십 년 전 기디언 맨텔은 이구아노돈의 이빨을 보고 초식 동물이라고 확인했다. 하지만 상당수의 대중은 심원한 시간을 일종의 육식 동물의 무한 경쟁이 일어난 시기로 생각했다.

메갈로사우루스는 최초로 이름 지어진 공룡이긴 했지만 아마도 우리가 기대했을 일종의 즉각적인 돌풍을 이끌어 내지는 못했다. 한 가지 이유는 바로 거대한 선사 시대 도마뱀이라는 전혀 새로운 개념이 대중에 흡수되기 어려웠다는 점이다. 또 다른 이유는 당시의 통신 수단이 현재는 말할 것도 없고 19세기 후반보다도 훨씬 더 느렸다는 것이다. 최초의 철도가 막 건설되었지만 아직 실험 단계였고 이동 범위도 넓지 않았다. 인쇄는 여전히 꽤 어려운 과정이었다. 그 밖의 이유는 거대한 포식자가 적수도 없는 상태로 지구상의 유일한 지배자로 군림했다는 생각 자체가 너무도 고통스러웠을 테고, 심지어 악마 자체를 떠올리게 했다는 점이다.

하지만 메갈로사우루스 앞에는 어마어마한 적수가 기다리고 있었다. 당시 사

이구아노돈과 싸우는 메갈로사우루스, J. W. 부엘(J. W. Buel, 1849~1920)의 『바다와 육지(Sea and Land)』(1897). 빅토리아 시대의 예술가들에게 선사 시대의 생명체는 중세 후기의 지옥이나 현대의 공포 영화와 마찬가지로 거침없는 폭력에의 강한 충동과 공포의 이미지를 상대적으로 자유롭게 탐닉할 수 있는 구실이 되었다.

카미유 플라마리옹(Camille Flammarion, 1842~1925)의 『인간 창조 이전의 세계(*Le Monde avant la création de l'homme*)』(1886)에 실린 페르난도 베스니에(Fernand Besnier, 1894~1977)의 권두 삽화. 여러 책에서 중생대를 거리낌 없는 폭력과 포식의 시대로 묘사했다. 이 그림에 등장하는 모든 동물들은, 초식 공룡인 이구아노돈조차 서로를 찢어발기려고 한다.

람들은 보통 새로 발견된 동물들이 현존하는 동물과 크기만 다를 것이라고 상상했다. 화석을 찾아다니던 메리 앤 맨텔(Mary Ann Mantell, 1795~1869)은 거대한 이빨을 발견하고 그것을 남편인 기디언 맨텔에게 보여주었다. 그는 그 이빨이 크기는 엄청나게 크지만 생김새가 이구아나의 것과 매우 흡사하다고 판단했다. 넓적다리뼈는 메갈로사우루스의 뼈보다 폭이 두 배 이상 넓었다. 기디언 맨텔은 이 생명체를 일컬어 '이구아나의 이빨'이라는 뜻의 이구아노돈으로 명명했다. 그는 처음에 이구아나의 이빨 크기와 길이의 비율을 계산한 뒤 외삽법으로 이 거대한 도마뱀의 길이가 약 30.5미터에 이른다고 추정했다.[5] 맨텔은 어떤 이구아나에게 뿔이 있다는 것을 관찰하고 이구아노돈의 코에 발톱을 붙여서 마치 코뿔소처럼 보이게 했다.

이구아노돈과 메갈로사우루스는 빅토리아 시대를 관통하는 지배적인 주제인

야만과 문명 간의 갈등을 기념비적인 방식으로 표현하는 데 사용되었다. 존 마틴을 비롯한 화가들이 그린 이크티오사우루스와 플레시오사우루스의 싸움은 원시시대에 만연한 폭력을 드러냈다. 이 두 공룡은 보통 격렬한 전투 중이거나 상대의 사체를 먹어 치우는 모습으로 그려졌다. 메갈로사우루스와 이구아노돈의 갈등은 다소 미묘했다. 기디언 맨텔의 『지질학의 불가사의(The Wonders of Geology)』(1838)에 권두 삽화로 실린 존 마틴의 「이구아노돈의 나라(The Country of the Iguanodon)」에서 볼 수 있듯이 이 공룡들은 실제로 생사의 전투에 갇혀 있었다. 이 그림에서 이구아노돈이 메갈로사우루스를 으스러뜨리며 승리를 거두었지만 또 다른 메갈로사우루스가 뒤에서 공격해 온다.

두 공룡이 서로 가까운 거리에 위치하는 경우가 많지만, 이는 잠재적 갈등을

조지 리처드슨의 『산문과 운문으로 쓴 촌극』(1838)에 실린 조지 닙스의 권두 삽화. 이 그림 속의 이구아노돈은 어떤 생명체도 자신의 영역을 침범할 수 없기에 상냥한 표정을 지을 마음의 여유를 가질 수 있다.

암시할 뿐이다. 조지 리처드슨(George Richardson)의 『산문과 운문으로 쓴 촌극(Sketches in Prose and Verse)』(1838)에 실린 조지 닙스(George Nibbs)의 권두 삽화는 이런 모습을 전형적으로 보여주는데, 전경의 이구아노돈이 눈에 띈다. 이구아노돈이 미소를 가득 머금고 한 쌍의 이크티오사우루스를 응시한다. 그늘진 배경에서는 메갈로사우루스가 위협적이지만 무력한 자세로 지켜보고 있다. 이 삽화는 태평한 모습의 이구아노돈이 이 구역의 왕이며, 그에 도전하고 싶어하는 육식 동물이 많지만 그럴 수 없다는 메시지를 전한다. 리처드슨은 기디언 맨텔이 수집한 화석들을 대중에 소개하는 삽화를 가리켜 '거대한 이구아노돈이 (중략) 경이로운 야생의 풍경을 지배하는 절대 군주로 군림하는 듯 보인다'고 했다.[6] 이구아노돈은 자국에서 멀리 떨어진 지역을 통치하는 대영 제국과 다소 비슷했다. 결국 심원한 시간의 몇몇 장면은 가족 생활에 대한 빅토리아 시대의 이상을 반영하여 목가적인 분위기를 띠기까지 했다. 프란츠 웅거(Franz Unger, 1800~1870)가 쓴 『원시 세계(The Primitive World)』(1851)의 삽화에 등장하는 울창한 열대 우림의 이구아노돈 가족은 매우 평안한 상태여서 여흥을 즐길 수 있을 정도이다. 새끼 이구아노돈 두 마리가 강아지처럼 아웅다웅하며 장난치고 어미는 맞은편 뒤쪽에 있다.[7]

1854년 런던의 크리스털 팰리스(Crystal Palace)에 전시된 조각품은 처음으로 공룡에 대한 대중적인 관심을 불러일으켰고, 전시의 중앙을 차지한 것은 이구아노돈 두 마리와 메갈로사우루스 한 마리였다. 대중을 상대로 한 그동안의 다른 공룡 전시와 마찬가지로 당시의 전시도 오락적 목적과 교육적 목적 사이에서 미묘한 균형을 유지해야 했다. 스토리텔링은 허락되지 않거나 적어도 최소한으로 제한되었다. 선정주의 논란을 피하기 위해 공룡들은 문장(紋章) 속에 등장하는 동물 같은 자세를 취하고 있었고 서로가 거의 관련이 없는 듯 보였다. 메갈로사우루스는 먼 거리에서 호랑이처럼 몸을 웅크린 채 이구아노돈 무리 중 하나를 응시한다. 이구아노돈은 어떤 도전도 받아들일 준비가 되어 있기에 차분하게 눈길을 돌린다. 잠재적인 폭력을 느낄 수 있지만 드러난 갈등은 없다. 이는 대중, 특히 아이들이

런던 크리스털 팰리스의 공룡을 보여주는 인쇄물, 1860년경. 아마도 공룡의 무서운 모습을 누그러 뜨리고자 극도로 정제된 풍경 속에 배치한 듯하다.

위협적으로 느끼지 않도록 하기 위한 것이기도 하다. 당시의 만화를 보면 사람들이 놀이공원에서 느끼는 정도이긴 했지만 이 공룡 모형들을 보고 무서워했음을 알 수 있다. 이들 공룡 모형 덕분에 사람들은 토머스 호킨스나 존 마틴 같은 사람들이 묘사한 선사 시대의 끝없는 폭력으로부터 잠시 벗어나 한숨을 돌릴 수 있었다. 그렇기는 하지만 공룡들을 서로 떨어뜨려 놓으니 다소 경직되고 무력해 보였다.

티라노사우루스와 트리케라톱스

공룡들은 (에둘러서 인간들은) 이제 널리 보급된 모습의 티라노사우루스 렉스로 대중의 상상 속에 등장하곤 한다. 인터넷 연결이 끊어지면 컴퓨터 화면에 사과의 메시지와 함께 약간 우울한 얼굴의 티라노사우루스 그림이 종종 등장한다. 데이비드 호네(David Hone)는 '티라노사우루스 렉스처럼 잘 알려진 학명은 없을 것이다. (중략) 이 이름을 가진 동물은 일반 대중에게 가장 인기 있고 유명한 공룡이다'라고 했다.[8] 여기에는 과장이 섞여 있지만 매우 흔한 표현으로 우리 자신에 관해 알려준다. 다른 공룡들도 티라노사우루스만큼 자주 언급되고 묘사되었으나 그만큼 공포감과 동일시를 동시에 일으키는 종류는 없다. 우리 인간들은 어쩌면 자연 파괴에 대한 죄책감 일부를 다른 생명체에 투영하고자 노력하는 것일지도 모른다. 또한 한때 우리의 선조들이 늑대에게 그랬던 것처럼 우리는 멸종된 뒤라도 이 난폭한 괴물을 길들이고 싶은 충동을 느끼는 것인지도 모른다. 아이들이 꼭 껴안고 싶어 하는 티라노사우루스 인형이 흔한 것만 봐도 알 수 있다.

트리케라톱스는 1887년에 발견되었고 다음 해 오스니얼 마시가 이름을 붙였

런던 크리스털 팰리스 파크의 이크티오사우루스 형상. 그 효과가 얼마나 의도된 것인지는 알 수 없지만 수위가 높아지면 주둥이와 등의 일부만 물 위로 튀어 나와 완전히 수중 동물로, 수위가 낮아지면 거의 완전한 육지 동물로 보일 수 있다.

다. 티라노사우루스 렉스는 뼈 일부가 1890년대에 처음 발견되었으나 1905년까지도 이름이 없었다. 마침 메갈로사우루스와 이구아노돈의 인기가 시들해지면서 이 둘의 인기가 치솟았다. 여기서 우리는 네 종류의 공룡을 살펴보고 있지만, 공룡은 난폭 씨(Mister Fierce)와 거구 씨(Mister Big)의 두 가지 전형으로 나뉜다. 전자는 거대한 턱뼈, 날카로운 이빨, 무시무시한 발톱을 지닌 포식자이다. 후자는 거대한 초식 동물로, 가공할 무기도 갖고 있지만 자신의 육중한 체구를 방어의 목적으로 사용했을 것이다. 앞서 등장한 메갈로사우루스나 이구아노돈과 달리 티라노사우루스와 트리케라톱스는 거의 대등하게 경쟁했다. 적어도 대중 매체에 비치는 모습은 그랬다. 이 둘을 묘사하는 데 있어 어떤 관습적인 방식들이 매우 빠르게 만들어졌다. 보통 서로를 마주보고 있지만 아직 싸움이 일어나진 않은 상태로 마치 시간이 멈춘 듯 누가 종국의 승자가 될지 전혀 감 잡을 수 없이 그려진다. 한 가지

물 안의 브론토사우루스와 땅 위의 디플로도쿠스를 그린 찰스 R. 나이트의 그림, 1897년. 인상화풍으로 그려진 이 그림은 이후 수없이 묘사된 두 공룡의 본보기가 되었다.

프란츠 웅거의 『원시 세계』(1859년판)에 실린 벤저민 워터하우스 호킨스의 공룡 모형으로, 머리를 들고 있는 이구아노돈은 다른 공룡들에 대한 지배력을 암시한다.

예외는 디즈니 만화영화 「판타지아(Fantasia)」(1940)로, 극중 티라노사우루스가 승리하지만 머지않아 자연 재해로 죽음을 맞이한다.

19세기 후반부터 20세기 초까지 찰스 R. 나이트(Charles R. Knight, 1874~1953)가 시카고의 필드 자연사 박물관과 뉴욕의 미국 자연사 박물관을 위해 그린 벽화는 벤저민 워터하우스 호킨스(Benjamin Waterhouse Hawkins, 1807~1894)가 크리스털 팰리스 파크에 만든 조각상 이후 공룡에 대한 대중의 인식을 정립하는 데 그 어느 작품보다 더 많은 기여를 했다. 기념비적인 규모를 갖춘 이들 벽화와 조각상은 상당한 볼거리와 교육적 내용을 접목했으며 대체로 같은 방식으로 두 목적 사이에서 균형을 이루었다. 대학살의 장면은 대중의 관심을 사로잡는 동시에, 공룡이 원시의 잔인함을 전형적으로 보여준다는 개념도 드러냈을 것이다. 그렇지만 아이들을 위

3. 거구 씨와 난폭 씨 87

한 전시로는 적합하지 않았을 듯하다.

대결 직전의 티라노사우루스와 트리케라톱스를 그린 나이트의 벽화는 1920년대 초반 필드 자연사 박물관의 의뢰로 그린 것인데, 공룡을 묘사한 그림 가운데 여전히 가장 상징적인 작품으로 손꼽힌다. 앞선 세대의 워터하우스 호킨스처럼 나이트도 폭력의 장면을 실제로 보여주지 않고 암시하는 쪽을 택했다. 사실 두 거대한 공룡이 싸웠다는 증거는 존재하지 않는다. 트리케라톱스가 질병에 걸리거나 노쇠하여 눈에 띄게 약해지지 않는 한 티라노사우루스조차 이 엄청난 맞수를 공격했을 것 같지는 않다. 나이트의 벽화에서 두 마리의 공룡은 상당한 거리를 두고 상대를 가늠하며 서로를 응시하고 있다. 흥미진진해질 대결을 암시하는 징후는 충분하지만 과학적, 감정적 민감함을 해칠 조짐은 없다. 그 결과 약간은 포즈를 취하고 찍은 사진처럼 시간이 멈춘 듯한 순간이 발생한다.

같은 기간에 유사한 작풍의 벽화들이 정부와 기업의 주요 건물에 걸리며, 역사와 신화의 전설적인 인물들을 보여주었다. 이런 벽화는 특히 공산주의자와 파시스트 들에게 인기가 있었지만 미국과 영국에서도 흔하게 볼 수 있었고, 볼셰비키주의와 미국식 자본주의를 포함한 모든 이데올로기 옹호론자들이 가진 광대한 야망을 표현했다. 당시는 모스크바의 지하철에서 뉴욕의 록펠러 센터에 이르기까지 거대한 것에 열광한 시대였으나, 수사적 과장 없이 그처럼 거대하게 표현할 수 있는 것은 공룡뿐이었다. 멀리서 상대를 응시하는 티라노사우루스와 트리케라톱스 무리는 온갖 무기로 무장한 채 긴장감 속에 편치 않은 평화를 유지하는 초강대국들을 암시했다.

알로사우루스와 바로사우루스

미국 자연사 박물관 중앙 출입문 로비에는 포식자와 먹잇감이 극적인 대결을 벌

1964년 뉴욕에서 열린 만국박람회(World's Fair)를 위해 제작된 싱클레어 오일의 디노랜드(Dinoland) 파빌리온 광고. 찰스 R. 나이트가 그린 공룡 그림의 주제와 모티프를 주로 모방하여 만들었다. 이 광고의 티라노사우루스와 트리케라톱스는 시카고 필드 자연사 박물관에 있는 나이트의 벽화처럼 실제로 싸우지 않고 서로 위협하듯 마주하고 있다.

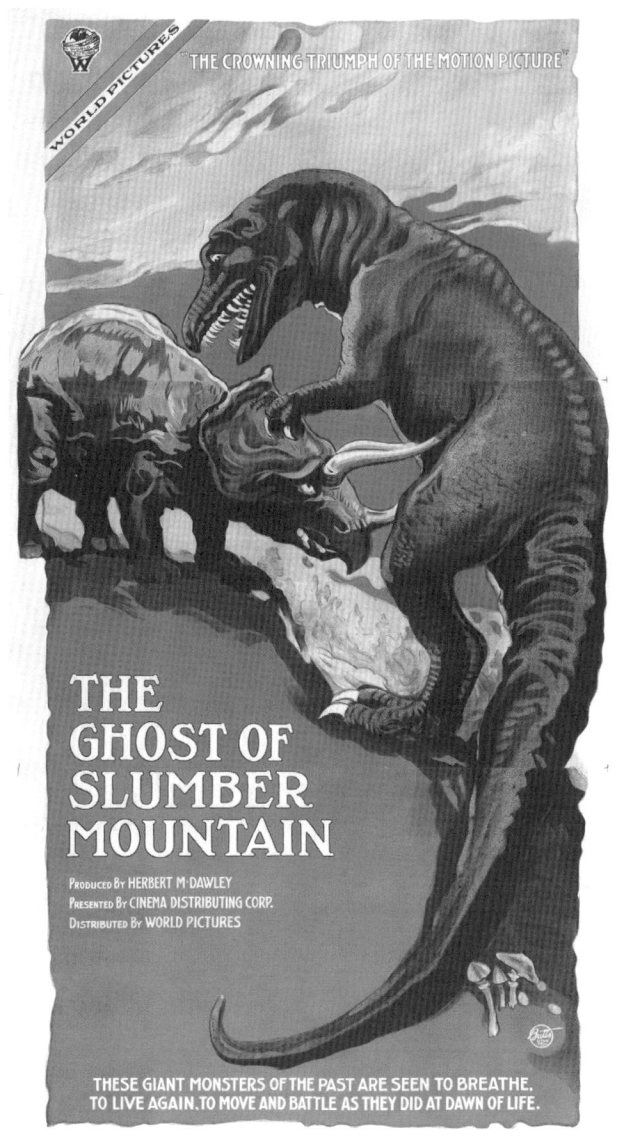

허버트 M. 다우리(Herbert M. Dawley, 1880~1970)가 감독하고 윌리스 오브라이언(Willis O'Brien, 1886~1962)이 특수 효과를 담당한 영화 「슬럼버 산의 유령(*The Ghost of Slumber Mountain*)」(1918)의 광고 포스터. 이 포스터는 당시 대부분의 포스터보다 생동감이 느껴지며, 다른 예술가들이 암시하기만 했던 두 거구의 싸움을 보여준다. 영화는 스톱 모션 기법을 개발하여 실제 배우와 애니메이션 캐릭터를 함께 등장시켰다. 이후 100년이 넘는 시간 동안 공룡에 관한 더 많은 영화가 등장할 수 있는 길을 열어주었다.

시카고 필드 자연사 박물관의 엽서, 1930년경. 트리케라톱스와 대면하는 티라노사우루스의 모습을 그린 찰스 R. 나이트의 벽화 일부에서 가져온 그림이다. 두 거대한 공룡이 서로를 응시하는 방식이 제2차 세계대전이 발발하기 직전 강대국들 간의 긴장감을 암시한다.

존 마골리스의 티라노사우루스와 트리케라톱스, 사우스다코타 래피드 시티의 공룡 파크(Dinosaur Park). 이 공룡들은 상당히 익숙해져 마치 디즈니 만화의 캐릭터처럼 보인다. 두 거구의 싸움은 '건전한 가족 오락'을 위한 볼거리가 되었다.

이는 뼈대 형태의 공룡 무리가 있다. 아파토사우루스의 호리호리한 동족인 바로사우루스가 뒷다리로 몸을 지탱한 채 거대한 키로 앞다리를 들어 올리며 서 있다. 그 앞에는 티라노사우루스의 조상이자 동족인 알로사우루스 한 마리가 있고, 새끼 바로사우루스는 거대한 바로사우루스의 꼬리 너머를 엿보고 있다. 큰 바로사우루스가 작은 바로사우루스의 어미로, 자신의 앞다리 아래 있는 알로사우루스를 짓밟으려 애쓰고 있지만 알로사우루스는 어미 뒤에서 빙빙 돌며 새끼를 움켜잡으려 한다. 어떤 공룡이 승리를 거둘 것인가?

티라노사우루스와 트리케라톱스 간의 대결과 달리, 이번에는 전략보다 무차별적인 공격에 의해 승패가 결정될 것이다. 그리고 앞서 말한 두 공룡의 대결과 마찬가지로 실제 폭력으로 이어지지 않을 수도 있다. 흥미진진한 서스펜스는 충분하지만, 어미가 크기와 기동성은 물론이고 위치에서까지 우위를 차지한 듯하다.

세 마리의 공룡 주위로는 고대 로마 신전 판테온을 본떠 만든 돔이 있어 궁전식 화려함이 느껴진다. 천장은 화강암의 코린트식 기둥이 받치고 있고, 바닥은 대리석이다. 벽에는 박물관의 중요한 후원자인 시어도어 루스벨트의 삶을 그린 벽화가 있다. 우리의 시선은 어미 바로사우루스의 굽은 척추를 따라 등에서 머리까지 위쪽으로 향한다.

원래 뼈대를 석고 모형으로 받치고 있는 비계는 대장장이의 인상적인 솜씨를 보여준다. 이런 표현 말고 달리 어떻게 말할 수 있을까? 이 설치물은 어떤 전통적인 의미에서도 그다지 과학적이지 않다. 미국 자연사 박물관은 그런 장면이 실제 일어났는지에 대한 객관적인 증거는 없다고 공개적으로 인정하고 있다.[9] 바로사우루스는 알로사우루스를 짓밟을 수 있는 엄청난 속도와 민첩성으로 앞다리를 돌려 땅에 안착시켜야 했을 것이다. 이 전시의 안내판에는 바로사우루스가 뒷다리로 일어나야만 교배를 할 수 있다고 쓰여 있지만 이는 일부만 맞다. 수컷만 일어설 필요가 있었을 것이고, 모형만큼 높이 일어날 필요도 없었을 것이다. 하지만 이 그림 속의 공룡은 암컷이다. 과학자 스티븐 J. 굴드(Stephen J. Gould, 1941~2002)는 '내

미국 자연사 박물관의 바로사우루스 뼈대는 마치 자신의 새끼를 지키려는 듯 극적으로 일어선 모습이다.

동료 과학자 대부분은 이런 자세가 터무니없다고 생각할 것'이라고 말했다.[10]

이 전시 모형은 여러 면에서 과학보다는 예술에 가까워 보인다. 그렇다면 왜 미술관이 아닌 자연사 박물관에 있는 것일까? 과학과 예술은 대부분의 사람들이 생각해 왔던 것처럼 뚜렷하게 구분된 적이 없을 것이다. 예술과 과학의 강조점은 다를 수 있으나, 둘 다 이성과 상상력이 결합된 분야이다. 이 전시는 1990년대 초반에 시작되었으며, 전문 학계의 규범으로는 허락되지 않던 스토리텔링에 공공연히 탐닉하고 있다. 과학은 예전의 격식에서 많이 벗어났고, 따라서 양식상의 다양함은 이제 전시에서뿐만 아니라 기사에서도 허용되고 있다.

여기에서 알로사우루스는 흉포함으로, 그 옆의 바로사우루스는 크기로 시선을 끈다. 전자는 본질적으로 야만성을 드러내며 후자는 길들여진, 다시 말해 '문명화된' 삶의 수호자이다. 세 공룡의 자세는 대체로 인위적으로 보이며, 현실적인 장면이라기보다 오히려 춤사위에 가깝다. 이것은 중세와 근대 초기 그림에서 보여지는, 인간 해골들이 서로 움켜잡고 즐겁게 뛰노는 죽음의 무도 같기도 하다. 더 괜찮은 비유가 있다면, 멕시코의 죽은 자들의 날(Day of the Dead)을 위해 만들어진 디오라마일 것이다. 이런 디오라마에 등장하는 해골들은 사무실에서 일하는 것부터 저녁 식사를 준비하는 것까지 사람들이 일상에서 하는 모든 행위를 한다. 너무도 오래전에 죽은 것이 분명한 존재들이 펼치는 이런 드라마에는 다소 역설적인 면이 있다. 디오라마는 완전히 사라진 공룡이 마치 살아있는 듯 느껴지게 된 방식을 보여주는지도 모른다.

공룡의 피

공룡 관련 교육 자료에는 한때 포식 행위가 매우 조심스럽게 표현되었다. 끊임없이 암시하고 언급하지만 절대 직접적으로 보여주는 법이 없는, 옛 코미디 영화의 정사 장면 같았다. 포식 공룡과 초식 공룡 들은 서로를 조심스럽게 쳐다볼 것이고, 그중 한 마리가 마치 공격하려는 듯 보일지라도 우리는 한 방울의 피도 보지 못할 수 있다. 폭력을 간접적으로 암시해야 했기에 찰스 R. 나이트가 작업한 벽화에는 중요한 세부 요소들이 추가되었다. 이로 인해 공룡들이 어색하게 경직된 듯 보이기도 했다. 이런 요소들은 「고지라(Godzilla)」 같은 영화로도 이어졌는데, 스크린 속에서 괴물이 도시 전체를 파괴하는 방식이 다소 세심하고, 인간보다 건축물에 훨씬 더 큰 피해를 준다.

이런 점잖은 태도는 마구잡이식 폭력이 등장하는 마이클 크라이튼(Michael Crichton, 1942~2008)의 소설 『쥬라기 공원(Jurassic Park)』과 이를 바탕으로 만든 동명의 블록버스터 영화 속에서 빠르게 무너진다. 소설 『쥬라기 공원』(1990)은 코스타리카 인근 섬에 위치한 테마파크에서 공룡을 복제하려는 시도를 다루고 있다. 과학자와 기술자 들이 이 괴물들을 가두어 두려고 했지만 결국 그들은 탈출하고 만다. 마침내 코스타리카 공군이 섬에 폭탄을 투하하지만 이미 몇몇은 아마존으로 도망친 후였다. 속편 『잃어버린 세계(The Lost World)』(1995)는 4년 후 인근 섬에 테마파크가 만들어진다는 설정이다. 한 무리의 용병과 사냥꾼, 고생물학자 들이 샌디에이고에 새로운 테마파크를 설립하고자 공룡을 포획하러 온다. 이를 막기 위해 쥬라기공원에서 일하는 사람들이 몇 마리의 공룡을 우리 밖으로 내보내 한동안 혼란을 유발한다. 티라노사우루스 렉스가 잡혀 샌디에이고로 보내지는데, 그곳에서 우리를 탈출하여 도시를 파괴하기 시작하다가 마침내 배로 유인되어 되돌려 보내진다. 나는 여기에서 자세한 줄거리를 다루지는 않을 것이다. 줄거리라고 해 봐야 공룡들이 아이들을 겁주고, 차를 전복시키고, 사람들이 소리 지르게 만들고, 건물을 쓰러뜨리고, 인간들을 먹어 치우는 과정에서 속도감 있는 추격 신을 엮어 내려는 변명에 지나지 않기 때문이다. 이 두 편의 소설은 모두 스티븐 스필버그(Steven Spielberg, 1946~) 감독의 블록버스터 영화로 만들어지며 역대 상위권의 흥행 성적을 기록했다. 이후 두 편의 쥬라기 공원 영화가 추가로 만들어졌는데, 크라이튼 원작이나 스필버그 감독 작품은 아니었지만 마찬가지로 블록버스터였다. 이 시리즈는 이제 막 시작된 것일지도 모른다.

크라이튼은 소설을 쓰며 존 오스트롬(John Ostrom, 1928~2005), 로버트 바커(Robert Bakker, 1945~), 잭 호너(Jack Horner, 1946~)등 몇몇 뛰어난 고생물학자들의 조언을 구했고, 덕분에 이 책이 교육용 서적으로 쓰이는 것도 같았다. 그러나 이 소설은 몇 가지 세부 내용에 신경을 쓰긴 했지만, 과학적 사실이 오락적 요소에 방해가 되도록 두지는 않았다. 이 책에서는 벨로키랍토르가 사람만 하고 침팬지만큼 똑똑하게 그려졌으나 실제 크기는 칠면조와 비슷하고 지능은 침팬지보다 낮았을 것이다. 게다가 이 테마파크가 쥐라기 시대에 관한 것이었지만 대부분의 공룡은 백악기에 속했다. 이 소설들은 대화를 통해 많은 과학 이론을 전달하고 공룡이 온혈 동물이었다는 로버트 바커의 주장을 많이 받아들였다. 따라서 공룡이 활동적이고 재빠르며, 신진대사를 유지하기 위해 많은 먹잇감이 필요한 것으로 그려진다.

이런 것들이 진보적으로 들리지만 사실 대부분 빅토리아 시대에 시작된 공룡에 대한 고정 관념을 합리화한다. 실제로 이 영화들은 존 마틴 등의 초기 화가들처럼 이 개념을 극단으로 끌고 간다. 사자와 같은 포식자들도 한바탕 사냥으로 배불리 먹은 뒤에는 며칠 동안 먹지 않고 휴식을 취하겠지만, 영화 속 공룡들은 결코 만족을 모르는 듯 보인다. 데이비드 길모어의 말처럼 쥬라기 공원의 티라노사우루스 렉스는 단검 같은 이빨을 가진 걸어 다니는 입에 불과하다.[11]

쥬라기 공원의 주인공 가운데 한 명인 수학자 이안 말콤은 원작자 크라이튼의 대변인인 양 끊임없이 카오스 이론을 내세우며, 너무 많은 일들을 통제하려고 하면 그중 일부는 잘못될 것이라고 주장한다. 그의 말은 상당히 근대적이거나 심지어 포스트모던하게 들리지만, 혼돈(즉 '야만')과 질서(즉 '문명')에 집착한 빅토리아인들의 정신과 매우 유사하다. 이는 지난 100년이 넘는 시간 동안 많은 스릴러 작품에서 지속된 이분법이다. 본질적으로 이 소설과 영화는 공룡과 관련하여 오직 사냥하고 서로 잡아먹는 동물로서의 공룡에 대한 견해로 돌아갔는데, 이런 견해는

티라노사우루스 렉스가 트럭을 공격하는 영화 「쥬라기 공원」(1993)의 한 장면. 19세기 초 공룡이 처음 발견된 이래로 공룡에 관한 우리의 상상력은 크게 변하지 않았다.

토머스 호킨스 같은 작가나 존 마틴 같은 예술가들의 주장과 일치한다. 오락 매체는 악마와 괴물의 전통적인 도해를 활용하여 여러 면에서 기존 공포 영화와 꽤 비슷한 설정으로 공룡 세계를 만들었다.

책과 영화 속의 공룡들은 본질적으로 '살아 있는 시체', 즉 좀비이다. 그들은 인위적으로 생명을 되찾았고 자연에도 사회에도 속하지 않는다. 특히 영화 속 좀비처럼 떼를 지어 사냥하고 끊임없이 공격하는 벨로키랍토르가 그렇다. 그에 반해서 티라노사우루스는 예전 영화에 나오는 고지라처럼 다른 괴물로부터 착한 사람들을 구하며 신성한 정의의 대리인이 된다. 시리즈의 첫 번째 영화 마지막에서 티라노사우루스가 한 무리의 벨로키랍토르를 죽여서 겁에 질린 과학자들과 그 동료들을 구한다. 『잃어버린 세계』에서는 인간 악당이 어미 티라노사우루스에게 잡혀 둥지로 끌려간다. 어미는 새끼들에게 그 인간을 먹이로 준다. 크라이튼은 그 악당의 죽음을 생생하게 묘사한다. 티라노사우루스는 죄인을 지옥으로 끌고 가는 악마이다. 이 죄인은 중세 후기와 르네상스 시대의 그림에서처럼 악령에게 잡아먹히고 배설될 것이다. 샌디에이고 등지에서 보여지는 티라노사우루스의 파괴성을 인간의 자만심에 대한 처벌이나 경고로 해석할 여지도 있다.

'쥬라기 공원' 소설과 영화 이후, 대중문화는 공룡의 포식성에 지나치게 집중해 왔다. 알란 A. 디버스(Alan A. Debus, 1926~2009)에 따르면 '맹금류는 타고난 야만성은 물론 교활하고 위협적인 지적 능력 덕분에 진정한 괴물이다.'[12] 공룡이 우리를 공격해서 무서운지 우리를 닮았기 때문에 공포스러운지, 어느 쪽이라고 말하기 어렵다. 하지만 데이노니쿠스, 벨로키랍토르와 그 동류들이 인간을 닮았다면, 거대한 용각류들은 배경에 조용히 머물며 어떤 도전에도 끄떡없는 운명의 화신으로 남아 있다.

워터하우스 호킨스나 나이트 같은 예술가들은 극단적인 폭력을 명확히 드러내지는 않으면서 포식을 끊임없이 암시하는 방법을 찾았다. 난폭 씨(Mister Fierce)가 겁나는 존재라면 거구 씨(Mister Big)는 우리를 안심시키기 위해 존재한다. 그는 괴물의 관심을 돌려 사람들에게서 멀어지게 하고 자신의 존재감을 이용하여 괴물로 하여금 행동하게 만든다. 그러나 우리가 평정심을 갖고 공룡을 응시하게 하는 그 미묘한 안전장치가 결국 허물어져 공포와 죄의식, 정의와 승리의 난장판에 흠뻑 빠지게 된 것은 피할 수 없는 일이었을 테다. 이제는 공룡을 표현할 때 살인과 포식, 유혈이 자주 등장하는데, 심지어 청소년 대상 콘텐츠에도 흔하다. 150년 이상 웅크리고 노려만 보던 메갈로사우루스가 드디어 덤벼든 것이다.

포식자 혹은 먹잇감?

가장 인기 있는 공룡은 무엇일까? 답을 도출하기 위한 상당히 객관적인 방법으로 엔그램 뷰어(Ngram Viewer)라는 구글 디바이스를 활용할 수 있다. 이 디바이스를 사용하면 1800년부터 2000년까지 특정 단어가 등장하는 책의 비율의 누계를 낼 수 있다. 2017년 3월 20일에 나는 이 디바이스를 호스팅한 웹사이트에 가서 다양한 공룡 이름을 입력하고 문헌에 등장한 횟수를 비교했다.[13] 압도적으로 가장 많이 언급된 공룡은 이구아노돈이었는데, 이 공룡의 명성은 1851년에 최고조에 달했다. 이구아노돈을 향한 대중적 관심의 최고치는 1997년 티라노사우루스가 기록한 것보다 다섯 배 이상 높다.

    이구아노돈의 인기는 1860년까지 약 3분의 2 정도 감소했지만, 1910년대 중반까지는 가장 인기 있는 공룡으로 남아있었다. 그러나 티라노사우루스, 트리케라톱스, 디플로도쿠스 등의 적수들이 등장하며 결국 왕좌를 뺏겼다. 이 세 공룡은 주로 미국에서 회자되었고, 원시의 생명력이 훼손되지 않은 땅인 '새로운 에덴'이라는 북아메리카 대륙의 이미지를 구현하기 위해 사용된 방식 덕분에 인기가 있었다. 하지만 영국식 영어로 쓰인 책만 검색하면, 21세기에 들어서면서 여러 부침을 겪었음에도 불구하고 여전히 이구아노돈이 가장 인기 있는 공룡이었다.

몇십 년을 기준으로 이구아노돈과 메갈로사우루스의 인기를 비교해 보면, 이구아노돈이 일관되게 조금 더 인기가 높았지만, 놀랍게도 두 공룡의 언급 횟수가 거의 똑같은 곡선을 그리며 오르내린다. 티라노사우루스와 트리케라톱스처럼 자주 짝을 이루는 다른 공룡들도 패턴이 비슷하다. 티라노사우루스 렉스의 인기가 갑자기 치솟고 트리케라톱스가 그 인기를 이어 받은 1916년 전까지는 사람들이 둘 중 어느 공룡에게도 거의 관심을 갖지 않았다. 이후 100년 동안 항상 그렇지는 않았지만 티라노사우루스가 약간 앞서며 거의 비슷한 인기를 누렸다. 이는 두 공룡이 대개, 혹은 매우 자주 한 쌍으로 언급되었다는 것을 강하게 나타낸다.

나는 이런 곡선이 공룡뿐 아니라 더 넓게는 육식 동물이나 초식 동물에 대한 우리의 태도에 대해 많은 것을 시사한다고 생각한다. 사람들은 티라노사우루스, 독수리, 호랑이 같이 몸집이 큰 포식자들의 원시적인 난폭함에 열광하는데, 이런 맹수들을 보며 자신과 동일시하고 동시에 무서워한다. 이 맹수들을 흠모하고 싶은 충동에 거리낌 없이 빠져들기 위해서는 이들이 인간 사냥꾼이나 이구아노돈 같은 적수에게 진압 당하거나 적어도 심하게 공격받을 수 있다는 것을 우리가 알고 안심하는 것이 우선되어야 한다.

'쥬라기 공원'이라는 소설과 영화가 놀라운 상업적 성공을 거둔 것은 두 작품 모두 공룡에 대한 연구와 표현의 표면 아래 늘 존재했던 무언가를 활용했기 때문인데, 그것은 바로 억제되지 않는 식욕과 힘에 대한 매혹이었다. 호랑이부터 비단뱀에 이르기까지 포식자들은 아직도 공포와 경외심을 동시에 불러일으켜 우리를 꼼짝 못하게 하는 능력을 가지고 있다. 자연에 포식 행위가 존재한다는 사실은 그 어느 때보다 받아들이기 쉽지 않지만, 현대인들은 아직도 육식 동물의 미화와 몰살 사이에서 끝없이 갈팡질팡한다.

오늘날 우리는 빅토리아 시대보다 포식의 생태학적 중요성을 훨씬 더 분명하게 인지하고 있으나, 포식에 대한 태도는 빅토리아 시대의 사람들만큼 양면적이다. 그들은 포식을 일컬어 공공연히 '야만'이라고 했다. 우리의 언어는 그보다 완곡하지만 우리의 태도는 그들과 다르지 않다. 티라노사우루스에서 회색 늑대에 이르기까지 포식자에 대한 우리의 태도는 악마화와 이상화의 양극단을 오간다. 폴 트라우트(Paul Trout, 1940~)는 '동물에게 뜯겨 산 채로 먹히는 것'이 '가장 원시적인 인간의 공포'라고 말했다.[14] 수천 년에 걸쳐 우리는 거대한 포식자들과 협상하고, 싸우고, 그들을 숭배하고, 때로는 말살시켜 왔다. 이제는 인간이 가장 위협적인 포식자이겠지만, 그 공포는 여전히 우리 안에 도사리고 있다. 우리는 원시 시대의 삶을 가장 기본적인 형태로 축소해 생각한다. 그리고 그 시대에 대해 우리가 갖는 단순하고 생생한 이미지는 두 마리의 거대한 육식 동물과 초식 동물이 목숨을 건 싸움을 벌이는 모습이다.

시카고의 필드 자연사 박물관에 있는 티라노사우루스 렉스의 두개골. 이 박물관에서는 1997년 맥도날드의 후원 하에, 발견된 티라노사우루스 뼈 가운데 가장 크고 완벽한 뼈대를 760만 달러에 구입했다. 이 기록적인 가격은 티라노사우루스와 다른 포식자들의 인기가 얼마나 높아지고 있었는지 보여준다.

4 크리스털 팰리스에서 쥬라기 공원까지

나는 당신들이 쓴 신문 기사에 조금도 신경 쓰지 않는다.
내 유권자들이 글을 읽을 줄 모르지만 빌어먹을 사진은
볼 수밖에 없다.

윌리엄 '보스' 트위드(William 'Boss' Tweed)

현대의 박물관은 대부분 별난 통치자와 귀족들이 소유한 '호기심의 방'에서 비롯되었다. 이런 종류의 방은 대부분 종교적이거나 세속적인 호기심은 물론이고 새로움에 대한 섬뜩한 매혹으로부터 영감을 얻어 만들어졌다. 호기심의 방에는 라틴아메리카 부족에게서 사들인 쪼그라든 인간의 머리에서부터 뉴기니 극락조의 깃털에 이르기까지 관심을 끄는 모든 것들이 들어 있었다. 이국적인 동물의 뼈와 박제된 사체도 있었다. 때로 이런 것들은 다른 여러 동물들의 일부를 꿰매 만든 용 같은 환상의 동물들과 뒤섞여 순진한 수집가들에게 팔렸다. 또한 조가비, 동전, 화려한 색깔의 바위와 화석도 들어 있었다. 오늘날의 수집광처럼 호기심의 방 주인들도 자유롭게 자신들의 기이한 취향에 탐닉했다.

호기심의 방을 채우는 것은 성물함에서 일부 유래했고, 성물함은 르네상스 시대에 처음 대중화되었다. 그중에서도 가장 열렬한 수집가는 아마도 17세기 초 신성로마제국의 황제 루돌프 2세(Rudolf II, 1552~1612)였으며, 그는 위석(악어, 타조 등 여러 동물의 모래주머니에서 나온 돌), 노아의 방주에서 나온 쇠못 같은 전시품들, 그리스 신화 속 세이렌의 턱뼈, 유리에 갇힌 악마 등을 포함한 방대한 수집품들이 독

올레 웜(Ole Worm, 1588~1654)의 호기심의 방, 『워매니엄 박물관(*Museum Wormianum*)』 (코펜하겐, 1655)의 권두 삽화. 이 오래된 호기심의 방은 노골적으로 특이했고 소유주의 상상력을 자극했던 모든 것들을 포함하고 있었다. 이 방에는 뼈가 여러 개 있었는데 그중 일부는 틀림없이 화석이었고 어쩌면 공룡의 화석이었을지도 모른다.

으로부터 자신을 보호한다고 믿었다.[1] 루돌프 2세는 이런 기이한 물품을 수집하는 일에 너무 몰두한 나머지 국정을 소홀히 했고 결국 외부의 압력으로 왕위에서 물러났다.

이런 수집품들은 무엇보다 궁금증을 불러일으키기 위한 것이었으나 종종 투기를 조장하기도 했다. 쇼이흐처 같은 일부 수집가들은 화석만을 전문적으로 수집했다. 화석은 비스 플라스티카(vis plastica)로 불리는 신비로운 힘을 보여주는 징후로 여겨지곤 했는데, 이 힘은 동식물의 자연발생설과 비슷했다. 비교할 화석을 많이 모은 덕분에 점차 체계적인 연구가 가능해졌다. 하지만 그 시작이 지적 탐구보다는 수집이었기 때문에 고생물학은 오명을 짊어지게 되었고 이를 완전히 극복하기는 분명 어려울 것이다. 사회 전반적으로 공룡에 심취해 있지만 고급 문화보다 대중 매체에서 그 정도가 훨씬 더 강하다. 특히 B급 영화와 공상 과학 소설을 비롯한 일반 대중을 위한 장르에서 가장 두드러진다.

　19세기 초 영국과 기타 유럽 지역의 화석 연구는 주로 과학계의 주변부에서 일어났다. 주로 활동하는 사람들은 자신의 직업과 관련하여 정식 교육을 제대로 받지 못한 아마추어였는데, 채굴이나 건설 사업 때문에 선사 시대 유물이 발굴되는 일이 많아지자 화석 연구에 집착하게 되었다. 영국인 활동가들은 화석 연구가 훨씬 더 전문화된 프랑스의 여건을 부러워하기도 했다. 영국에는 조르주 퀴비에처

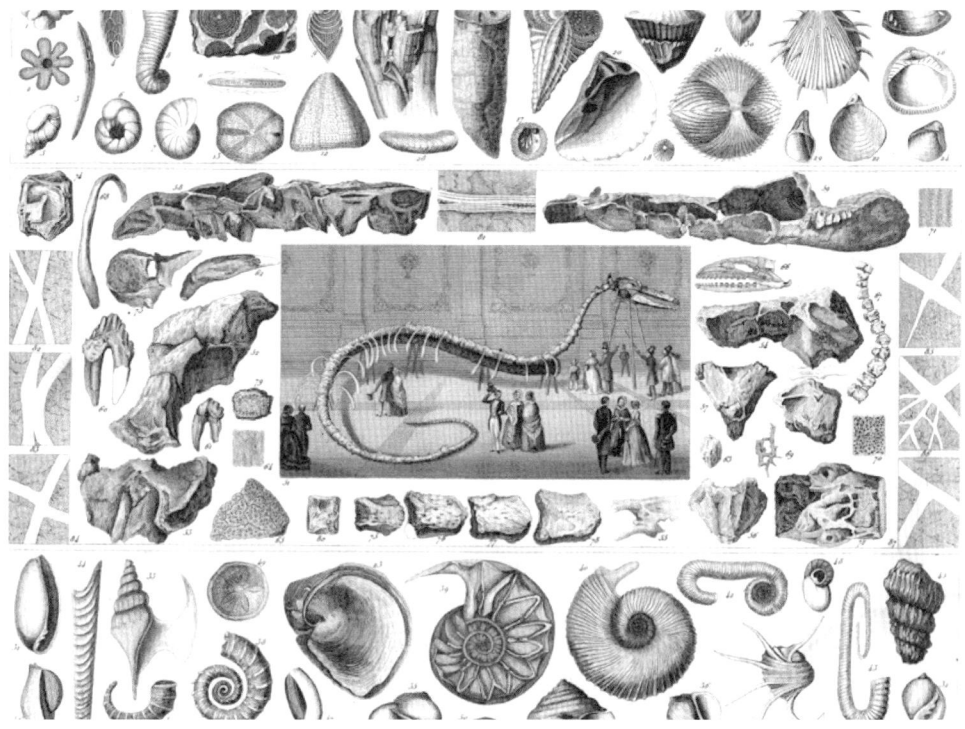

자연사 책에 실린 화석 수집품 그림, 1850년경. 심지어 19세기 중반에도 화석은 보통 지질학적 시기에 따라 분류하기보다 주로 진기한 물건으로써의 가치에 따라 다소 체계적이지 못한 방식으로 전시되었다.

앞의 그림의 일부. 잘 차려입은 신사 숙녀 들이 선사 시대 도마뱀의 뼈로 보이는 전시물 주위를 걸어 다니는 모습이다. 사실 이 전시물은 1840년대 알버트 코흐(Albert Koch, 1804~1867) 박사가 여러 고래의 척추를 연결해 만들어낸 가짜이다. 이 장면의 분위기는 상당히 격식을 차려서 거의 종교적이라고 할 정도로 엄숙하다.

럼 권위 있는 인물이 없었으며, 파리 국립 자연사 박물관(Muséum National d'Histoire Naturelle)처럼 자연사 관련 자료를 체계적으로 정리해 둔 곳도 없었다. 그럼에도 불구하고 고생물학의 기초는, 어쩌면 바로 이런 이유에서 프랑스보다 영국에서 단단히 다져졌다. 한 지식 분야의 초기 단계에서 요구되는 대담한 사고는 종종 제도 밖에서 가장 잘 이루어지기 때문이다.

그런 사고를 추동하는 힘의 대부분은 메리 애닝(Mary Anning, 1799~1847)의 발견에서 시작되었는데, 애닝은 화석을 발굴한 사람들 가운데 가장 전설적인 인물이다. 그녀는 어린 시절에 자신의 아버지, 형제들과 함께 영국 도싯주 라임 레지스의 쥐라기 해안을 따라 화석을 수집하기 시작했으며, 그 화석을 관광객들에게 팔았다. 열한 살의 나이에 그녀는 최초의 이크티오사우루스 뼈 가운데 하나를 발견했고, 그 밖에도 최초의 완전한 플레시오사우루스 화석과 독일 밖에서 발견된 최초

메리 애닝과 그녀의 애완견 트레이(Tray)를 그린 그림, 1842년. 배경은 메리 애닝이 화석을 많이 발견한 도싯의 골든캡 노두이다.

4. 크리스털 팰리스에서 쥬라기 공원까지

의 프테로닥틸루스를 찾아냈다.

또 한 명의 주요 인물인 시골 의사 기디언 맨텔은 화석을 찾아다니고 수집하며 해석하는 일에 완전히 사로잡혀 집 안 대부분이 화석으로 가득 찰 정도였다. 화석에 대한 집착으로 결국 아내와 아이들로부터 멀어졌지만, 그는 최초로 이구아노돈과 힐라에오사우루스의 이름을 붙이고 생김새를 묘사했으며 용각류로 알려진 공룡의 최초 화석을 일부 밝혀냈다.

초창기의 화석 발굴단 중에서 가장 전문적으로 뛰어났던 윌리엄 버클랜드는 최초로 확인된 공룡인 메갈로사우루스를 명명하고 생김새를 묘사했으며 메리 애닝과 함께 분석(糞石)으로 알려진 대변 화석 연구 분야를 개척했다. 그는 전형적인 괴짜 영국인이었다. 자신의 강의 시간에 선사 시대 동물의 소리와 동작을 상상하여 모사했고, 손님이 오면 학사복을 입은 애완 곰이 나가서 맞이하게 했다. 또한 그는 독실한 성직자로 웨스트민스터의 학장이 되었다. 이 개척자들의 삶은 새로운 학문 분야를 개척할 때 동반되는 혼란과 오해, 부주의로 가득했다. 1840년대가 되자, 고생물학이 확고히 자리 잡아 제도적 체계가 분명해졌다. 이 분야를 새롭게 선도한 사람은 리처드 오언으로 1842년에 '무서운 도마뱀'이라는 뜻의 '공룡'이라는 이름을 만들었다. 그는 '영국의 퀴비에'라고 불렸으며, 해부학에 대한 탁월한 지식뿐만 아니라 동료들과 설전을 즐기는 것으로 유명했다.

당시에는 선사 시대의 생명체가 현재의 분류학 안에 속할 수 있다는 생각조차 익숙하지 않았다. 거대한 고대 동물들은 거의 모든 과학적 분석을 빗겨갈 만큼 낯설게 보였다. 주된 논쟁은 그 동물들의 몸길이와 식성 같은 구체적이고 사소한 부분에 집중되었다. 기디언 맨텔과 같은 오언 이전의 과학자들은 우리가 '공룡'이라 알고 있는 생명체를 직관적으로 분류했으나, 오언은 체계적인 방식으로 이 동물들을 묘사한 최초의 과학자였다. 오언은 린네가 만든 체계를 이용하여 공룡류(Dinosauria)라는 강(綱)을 제시했는데, 처음에는 그 안에 메갈로사우루스, 이구아노돈, 힐라에오사우루스의 단 세 가지 속(屬)만 포함되었다. 오언에 따르면, 공룡류가

벤저민 워터하우스 호킨스의 크리스털 팰리스 조각품을 참조하여 그린 이구아노돈(리처드 오언이 처음으로 밝혀낸 세 공룡 중 하나였다)으로, S. G. 굿리치(S. G. Goodrich, 1793~1860)의 『존슨 동물 왕국 자연사(*Johnson's Natural History of the Animal Kingdom*)』(1874년 판)에 실렸다. 이 동물들은 최소한 파충류와 포유류의 특성을 모두 가진 것처럼 보인다.

현존하는 파충류는 물론이고 다른 선사 시대 파충류와 구분되는 점은 다리가 측면으로 벌어지지 않고 오늘날의 포유류처럼 몸통 바로 아래 달렸다는 것이었다. 오언은 공룡류가 네방심장을 가진 온혈 동물이었을 것이라고도 주장했다.

    오언이 명쾌하게 밝히지는 않았지만, 오언의 분류 체계에 숨겨진 의미는 장 바티스트 라마르크(Jean-Baptiste Lamarck, 1744~1829)와 같은 초기 진화론자를 겨냥한 것이었다. 당시의 진화론자들은 동물들이 획득한 특성이 유전되며 점차 변형된다고 생각했다. 예를 들어 기린의 목이 길어진 까닭은 몇 세대에 걸쳐 나무 꼭대기에 달린 잎을 먹으려고 노력했기 때문이다. 그들은 또한 진화에는 더욱더 정교하고 복잡한 생명체로 발달하려는 대단히 중요한 방향성이 존재한다고 믿었다. 오언은 공룡이 원시 도마뱀이 아니라 오히려 현 시대의 파충류보다 진화된 상태라는 것을 보여줌으로써 진화론이 환상에 지나지 않는다는 것을 증명하려고 노력했다.[2] 또한 그는 동시대의 분류 체계를 단순히 먼 과거의 생명체로 확장함으로써 선사 시대의 동물들이 현대의 동물들과 유사하다고 말하고 있었다.

메리 애닝, 기디언 맨텔, 윌리엄 버클랜드가 공룡을 발견하게 된 것은 상대적으로 사심 없는 호기심 덕분이었다. 그들은 때로 작업에 집착하기도 했지만 기본적으로 그 일은 취미에 가까웠다. 애닝과 맨텔은 삶의 대부분을 가난하게 보냈지만 버클랜드는 좀 더 수익성이 좋은 일로 일정 소득을 벌었다. 오언은 영국 최초의 전문적인 고생물학자였으며 이 분야에 새로운 지위를 부여했다. 이전 세대의 고생물학자들은 화석 연구 현장에서 많은 시간을 보냈으나, 오언은 사무실에서

워터하우스 호킨스의 크리스털 팰리스 조각품을 참조하여 그린 힐라에오사우루스로, S. G. 굿리치의 『존슨 동물 왕국 자연사』(1874년판)에 실렸다. 이 동물들은 최소한 파충류와 포유류의 특성을 모두 가진 것처럼 보인다.

대부분의 시간을 보냈고 그곳으로 식별이 필요한 화석이 보내졌다. 여러 연구자들이 동일한 발견물에 대해 공을 다투고 학문적 모의가 늘어나면서 고생물학자들의 지위가 달라졌다. 하지만 고생물학이 19세기 후반에 돈과 권력, 화려함을 두고 투쟁하는 진원지가 되리라고는 누구도 예상하지 못했다.

크리스털 팰리스의 공룡

엄청나게 많은 돈을 들여 유명한 조각가를 고용하고 대대적으로 홍보를 해 화려한 대중 전시로 구현된 과학적 주제는 아마 공룡이 유일할 것이다. 이런 선례를 처음으로 남긴 것은 크리스털 팰리스의 공룡 전시였는데, 지금은 이 공룡들이 인간 진보와 문화의 상징이자 폐허가 된 대성당의 괴물 석상처럼 보인다. 예전에도 이와 비슷한 중요한 사례가 있었다. 르네상스가 정점에 달한 16세기 중반에 부유한 상인 비치노 오르시니(Vicino Orsini, 1523~1585)의 의뢰로 이탈리아 보마르조(Bomarzo) 근처에 만들어진 파르코 데이 모스트리(Parco dei Mostri, 괴물 공원)이다. 이 공원은 분명 세계 최초의 테마파크였다.[3] 방문객들을 즐겁게 해주고 불쾌하지 않게 겁주려는 목적으로 만들어진 거대한 석상들은 신화에서 가져오거나 새롭게 창조한 짐승의 모습을 하고 있었는데, 사람이 들어갈 만큼 거대한 입을 가진 거인, 세이렌, 용 등이었다. 이런 조형물들이 크리스털 팰리스의 공룡 모형에 직접적인 영감을 주었는지는 모르지만, 크리스털 팰리스의 전시는 괴물 공원과 거의 똑같은 형태의 오락을 제공했으며, 두 전시를 비교해 보면 공룡에 대한 구전 지식이 신화와 전설로부터 얼마나 많은 영향을 받았는지 가늠할 수 있다.

오늘날 크리스털 팰리스 주변의 조각품들을 통해 빅토리아 시대에 대해 꽤 많은 사실을 유추할 수 있지만 공룡에 대해서는 알 수 있는 바가 많지 않다. 크리스털 팰리스의 공룡 모형에 대한 이야기는 앨버트 공(Prince Albert, 1819~1861)의 주도하에 개최된 만국 산업 생산품 대박람회(the Great Exhibition of the Works of Industry of All Nations)의 화려한 볼거리로부터 시작된다. 이 박람회는 혁신에 대한 영국의 리더십을 보여줄 뿐만 아니라 전 세계의 경이로운 기술적 업적을 보여주기 위해 고안되었다. 근대 상업 문화의 탄생을 기념하는 행사가 있다면 바로 이 화려한 박람회일 것이다. 이 박람회는 강철과 유리로 만들어진 거대한 건물 안에서 개최되었는데, 런던 중부에 위치한 이 건물은 7헥타르 규모로 여섯 그루의 느릅나무가 심어져 있었다.[4] '크리스털 팰리스'로 알려진 이 건물은 매끄럽고 현대적인 20세기의 건축물을 예견하게 했지만, 사실 영국 성공회 대성당을 모방하여 만들어졌으며 건물의 일부 명칭은 '신도석이나 트랜셉트'와 같은 교회 용어에서 가져왔다. 이전 시대의 대성당이나 궁처럼 크리스털 팰리스도 화려함과 거대한 규모로 경이감을 불러

존 래치(John Leech, 1817~1864)가 그린 만화(1858)로, 크리스털 팰리스의 공룡 전시를 보고 겁에 질린 소년을 끌고 다니는 교사를 보여준다. 공룡은 마치 놀이공원의 '귀신의 집'처럼 사람들을 살짝 겁주기 위한 것이었다.

이탈리아 보마르조 근방의 파르코 데이 모스트리(괴물 공원)에 있는 물고기와 사자와 용 조각. 크리스털 팰리스의 공룡처럼 이 용에는 난폭함과 약간의 유머가 결합되어 있다. 거의 공룡으로 볼 수도 있을 만큼 생김새가 비슷하다.

일으켰다. 하지만 대성당과 달리 이 건물은 하느님의 시간이 아닌 상업적 시간의 척도에 맞춰 몇 세기가 아니라 불과 7개월 만에 완공되었다. 이면에는 하느님과 군주의 영광을 일깨우기 위한 의도도 있었겠지만, 즉각적으로 제조업과 무역을 번영시키려는 목적이 더 컸다.

크리스털 팰리스는 교육의 장으로 홍보되었지만 무엇보다 1만 4천여 판매 업체가 속한 거대한 쇼핑몰이었다. 이곳은 순례의 장소가 되었고, 소시민들이 그저 인상적인 건물을 구경하거나 기념품을 사려고 먼 거리를 여행해 오는 곳이었다. 일일 평균 방문객은 42,831명이었다.[5] 크리스털 팰리스는 인류의 진보, 자본주의의 팽창, 영국의 패권주의라는 이데올로기를 고취시켰는데, 당시에는 이 모든 것들이 거의 동일하게 보였을 것이다. 하지만 어떤 식으로 공룡과 결부되었을까? 처음에 공룡은 크리스털 팰리스가 부인하려는 모든 것을 상징하는 것처럼 보였다. 공룡은 가장 시대착오적인 존재이자 야만과 태고의 전형이었다. 따라서 궁전의 신성한 구역 내에 들어올 수 없는 것이 당연했지만, 시간이 흐른 뒤 인류가 얼마나 먼 길을 지나 왔는지 극적으로 묘사하기 위한 목적으로 궁의 주변부에 추가로 설치되었다.

박람회가 끝난 후 크리스털 팰리스는 남런던 교외의 시드넘으로 옮겨졌고 1854년에 재개장하면서 공룡과 다른 선사 시대 동물 조각품이 여럿 포함되었다. 새로운 크리스털 팰리스는 인류의 모든 문화가 어떻게 대영 제국에서 정점에 다다랐는지 보여줄 목적으로 과학과 기술에만 국한하지 않고 전 인류의 문화를 표현하고자 노력했다. 전 세계의 상당 부분을 정복했던 영국이 이제는 과거를 정복하기 시작했고, 이는 과거의 옛 왕국들이 영국에 일종의 경의를 표한다는 것을 의미했다. 건축업자들이 전 세계에 석고 조각을 의뢰했으며, 고대 이집트, 아시리아, 그리스, 로마, 인도, 중국 등의 특정 문명을 다루는 전시에 힘을 쏟았다. 각 문화는 전용 공간에 전시되었고 공룡과 다른 선사 시대 동물들은 건물 밖의 인공 섬에 배치되었으나 지질학적 역사상 다른 시기를 대표하는 동물 무리와 같은 원칙에 따라 배치되었다. 선사 시대와 문명의 장면들은 완전히 직선적 시간상에 놓였지만, 전시 공간에 위치별로 시간을 구분하여 표시함으로써 어떤 면에서는 무리들이 동시대에 발생한 것처럼 보이게 만들었다. 크리스털 팰리스는 문명의 신전으로서 인간을 위해 보존되었으며, 공룡과 같은 동물들은 신전의 입구를 수호하는 악마의 조각상 같기도 했다.

공룡과 다른 멸종 동물의 모형은 리처드 오언의 지시에 따라 벤저민 워터하우스 호킨스가 이끄는 팀이 만들었다. 공룡들은 격자무늬 철 기둥 주위에 설치되었다. 한 공룡을 만들기 위해 600개의 벽돌, 1500개의 타일, 38통의 시멘트, 90부셸의 인조석과 기타 재료가 쓰였다.[6] 이구아노돈 모형의 길이는 코끝에서 꼬리 끝까지 10.59미터, 둘레는 6.22미터였다.[7] 네 마리의 공룡이 전시의 중심이었지만 워터하우스 호킨스는 익룡과 어룡에서 맘모스와 엘크까지 다른 선사 시대 동물의 모형을 많이 만들었다. 전시는 상업적으로 엄청난 성공을 거두었다. 1854년에 테마파크 개장일의 방문객수가 4만 명이었고, 19세기 말까지 매년 일평균 2백만 명이 다녀갔다.[8] 또한 이후의 몇몇 테마파크처럼 공룡과 다른 선사 시대 동물의 미니어처 모형과 기타 기념품을 팔아 매출을 올렸다.

선사 시대 동물들과 같이 전시된 공룡 설치물은 독일의 브란덴부르크 문, 프랑스의 개선문, 미국의 링컨 기념관, 영국의 빅토리아 여왕 기념비 등의 건축물에 버금가는 사업이었고, 야심과 규모의 관점에서 크리스털 팰리스와 견줄 만했다. 이 전시 모형들은 또한 몇 세대를 견딜 수 있도록 만들어졌다. 가볍게 생각하면 거대한 기념비를 만든 통치자와 장군 들을 패러디한 것으로도 볼 수 있을지 모른다. 이제 막 인기를 얻기 시작했던 공룡 뼈를 세워 만든 형상에도 똑같이 적용할 수 있을 것이다. 하지만 공룡은 고래를 제외하면 오늘날의 어떤 생명체보다 훨씬 더 크고 존재감도 대단했다. 이전에는 크리스털 팰리스의 공룡 같은 것이 없었으며, 이 공룡들은 해당 주제와 자연사 분야에서의 새로운 지위를 예고했다.

그러나 기념비를 조각하던 관습 탓인지 공룡은 지나치게 형식적이고 정적이며 주변과 동떨어진 상태로 만들어져 도시 공원의 동상처럼 보였다. 워터하우스 호킨스의 조각을 포함한 초기의 공룡 묘사를 보면, 공룡들이 각각 동떨어져 있는 것처럼 보인다. 사회 생활이나 가족 무리가 없으며, 같은 종이지만 각 공룡 사이에

자신의 작업실에서 크리스털 팰리스 공룡을 만들고 있는 벤저민 워터하우스 호킨스, 1852년경. 그는 빅토리아 시대의 유머로 공룡의 특이함을 강조했다. 그림 우측 중앙의 호킨스 자신을 표현한 듯한 몸을 숙인 남자의 연약함과 공룡의 난폭함이 대비된다.

런던 크리스털 팰리스에 있는 미치류 동상. 이 공룡들은 박물관의 예술 작품처럼 다른 것들과 단절된 듯하다.

어떤 종류의 화합도 없다. 이 거구들이 서로를 알아보는 경우에도 그것은 늘 포식을 위한 것이므로 미미하게만 암시되고 실제로 묘사되는 법은 없다. 관중들은 이런 분리 상태를 원시적인 것으로 인식했을지도 모르지만, 더 나아가 현대의 개인주의와 자본주의의 자유방임주의까지 암시했다. 공룡에 대한 거의 모든 묘사에서처럼, 공룡을 분리해서 표현한 것에는 인간의 특성이 투영되어 나타났는데, 이것은 사람들에게 공포나 죄책감이나 우월감 중 하나의 감정을 불러일으킬 수 있었다. 공룡의 발견은 산업 혁명과 마찬가지로 대단한 희망은 물론이고 종말론적인 공포도 불러일으켰다. 이 거대한 도마뱀은 단행본뿐만 아니라 만화, 신문 기사, 또 다른 테마파크 등으로 만들어지며 빠른 속도로 대중의 관심을 끌었다. 공룡의 발견은 대중문화에 빠르게 흡수되었고, 그 결과 심도 있는 연구를 위한 추진력과 방향성을 제시했다.

이후 10년 동안 새로운 것들이 발견되면서 크리스털 팰리스의 공룡들은 과학적으로 시대에 뒤처진 것이 되었다. 그 공룡들은 적어도 전통적인 관점에서 아름답지 않았고 극적인 분위기를 전달하지도 못했지만, 계속해서 많은 사람들에게 매력적으로 다가갔다. 우리가 이 조각품에 사로잡히는 까닭은 아마도 그것이 빅토리아 시대 사람들을 매혹한 이유와 마찬가지로 철저히 기묘했기 때문일 것이다. 본질적으로 크리스털 팰리스의 공룡들은 빅토리아 시대 사람들을 매료시킨 이국적이고 신화적인 동물들이 가진 약간 진부한 이미지들이 이상하게 뒤섞인 모습이다. 이구아노돈은 코뿔소를 닮은 파충류였고, 힐라에오사우루스는 중국 용이나 중세 유럽의 용을 조금 닮은 모습이었다. 메갈로사우루스는 왕도마뱀과 육식성 포유류를 약간 섞어 놓은 듯했다. 내가 보기에 가장 비슷한 동물은 하이에나였는데,

S. G. 굿리치의 『여행자를 위한 사진집 및 숙박 안내서(*The Travellers' Album and Hotel Guide*)』(1862)에 실린 크리스털 팰리스의 공룡들. 쫓겨난 듯 보이는 멸종 동물들이 현대적인 풍경에 놓여 있다. 공룡들이 따로 떨어져 있어 특유의 낯선 분위기를 더한다.

갯과와 고양잇과를 합친 모습 때문에 빅토리아인들도 어리둥절했다.

1868년 워터하우스 호킨스는 미국의 선사 시대 동물들을 전시할 센트럴 파크의 고생물학 박물관 신설과 관련하여 뉴욕 위원회로부터 초대를 받았다. 이 박물관을 크리스털 팰리스처럼 유리로 만들되 선사 시대 동물 모형을 야외가 아닌 실내에 설치하자는 것이었다. 크리스털 팰리스 파크의 동상들과 달리 이들은 물을 사이에 두고 서로 떨어져 있지 않았다. 이 모형들은 유리관을 지지하는 철 소재의 아치형 구조물 아래 전시되고, 이 구조물의 양 측면을 신고전주의 양식의 기둥이 지탱할 계획이었다. 호킨스는 그 제안을 받아들여 미국으로 건너가 열성적으로 작업에 임했다. 그가 그린 고생물학 박물관의 도안에는 몇몇 거대한 공룡 모형이 포함되어 있었다. 한 무리의 관람객들이 작은 울타리만을 사이에 둔 채 동상 앞을 지나가고 있다. 전시장의 반대편에는 방문객들이 또 다른 울타리를 둘러싸고 있고 그 아래는 화려한 다리가 놓여 있다. 이 공룡 모형들은 크리스털 팰리스의 공룡보다 훨씬 더 극적이고 의인화되어 있으며 포식자 같은 면모를 드러낸다.

이구아노돈이 크리스털 팰리스 파크 전시의 중심축이었던 것처럼 이구아노돈과 밀접한 관계의 하드로사우루스가 이 새로운 장소의 스타가 될 참이었다. 그림 속 공룡은 관람객의 키보다 6.5배에서 7배 정도 더 크다. 호킨스의 스케치에서 하드로사우루스 바로 옆에 있는 공룡은 티라노사우루스 렉스와 동류인 수각류 라이랍스(이후 공식적으로 드립토사우루스라고 명명되었다)이다. 두 공룡은 서로를 위협하려고 눈빛을 주고받는 것 같다. 호킨스는 그곳에서 멀지 않은 곳에 라이랍스 두 마리가 하드로사우루스를 잡아먹는 모습을 연출하고자 계획했다. 관람객들은 박물관 안에서 수백억 년을 지나 현재에 이르며 거대한 나무늘보와 매머드, 큰뿔사슴 등의 동물들과 마주할 것이다.[9]

부유하고 명망 있는 미국인 후원자들의 도움을 받아 작업이 이루어졌지만, 뉴욕의 박물관에 설치된 호킨스의 모형들은 크리스털 팰리스 파크에서 거둔 대중적인 성공에 크게 미치지 못했다. 실패한 이유 중 하나는 그가 미국에서 공룡이 의

센트럴 파크에 있는 벤저민 워터하우스 호킨스의 작업실. 이 그림에서는 익살맞는 유머가 느껴진다. 공룡과 거대한 포유류 들이 서로를 응시하는 듯 보인다. 뒤에 서 있는 남자는 자신의 우측에 있는 하드로사우루스와 거의 같은 자세를 취하고 있으며, 그림 밖의 관객을 똑바로 바라보고 있다.

미하는 바가 다르다는 사실을 이해하지 못했기 때문일 것이다. 그가 만든 공룡들은 마치 궁을 떠도는 유령 같았지만, 미국인들은 공룡을 그런 식으로 보지 않았다. 영국에서는 공룡이 국가의 나이에 수백억 년을 더한 전통의 연장선상에 있었다. 그러나 미국은 국토를 '문명화'하려고 애쓰면서도 야생성에 자부심을 느꼈다. 특히 공룡은 자연이 문명과 아직도 영토 경쟁을 벌이는 '거친 서부(Wild West)'의 일부였다. 요약하자면 영국인들은 공룡을 찬란한 과거의 일부로 여겼기에, 호킨스가 미국인들이 공룡의 거대한 체구를 풍요로운 미래에 대한 약속으로 여겼다는 것을 알아차리지 못했을지도 모른다.

워터하우스 호킨스가 공룡 모형 작업을 하던 시기의 뉴욕은 '보스' 윌리엄 M. 트위드(William M. Tweed, 1823~1878)가 이끄는 부패한 행정부가 장악하고 있었다. 트위드가 박물관 작업을 중단하라고 요구하자 호킨스는 신문 기사를 통해 불만을 토로하며 그를 비난했다. 트위드는 뉴욕 시장의 승인 하에 호킨스의 작업실로 폭

20세기 후반에 복원된 크리스털 팰리스의 공룡들. 이 공룡들을 둘러싼 공간은 빅토리아 시대의 풍경처럼 정교한 조경이 되어 있지 않으며, 이 모형들은 현대의 공원을 맴도는 유령처럼 보인다.

복원된 크리스털 팰리스의 이구아노돈의 최근 모습을 담은 사진.

4. 크리스털 팰리스에서 쥬라기 공원까지 121

력배들을 보내 공룡 모형들을 부수고 모형 틀을 근처 연못에 던졌다. 이런 반달리즘의 구실이 된 것은 공룡 모형들이 진화론에 바탕을 두고 있어 성서를 부인한다는 주장이었는데, 이 논리는 당시 폭넓은 지지를 받았다.[10] 크리스털 팰리스가 교회를 본떠 만들어졌다면, 이 새로운 박물관은 신고전주의풍의 신전을 닮았고 우뚝 솟아 있는 괴물들은 곧바로 이교도의 우상을 떠올리게 했을 것이다. 또한 영국의 위신을 높이기 위해 많은 일을 한 저명한 영국인인 워터하우스 호킨스에 대한 적대감도 이런 파괴 행위의 부분적인 원인이었을 수 있다.

태머니 홀(Tammany Hall) 정치 조직(19세기에서 20세기 초까지 뉴욕에서 강력한 영향력을 행사하던 부정한 정치 조직. 때때로 모든 부정한 정치 조직을 가리키기도 한다. - 옮긴이)은 주로 아일랜드인에 의해 운영되었는데 이들과 영국인들 간에는 원한이 깊었다. 하지만 주된 이유는 단순히 트위드가 이 프로젝트를 별스럽게 생각했고 무엇보다 돈이 되지 않는다고 판단했기 때문일 것이다.[11] 워터하우스 호킨스는 계속해서 하드로사우루스의 뼈대를 만들었고, 결국 뉴저지의 주 공룡으로 채택되어 프린스턴 대학에 놓이게 되었다. 그는 스미스소니언 협회를 비롯한 미국의 몇몇 명망 있는 협회로부터 비슷한 의뢰를 받아 작업하다가 1878년에 영국으로 돌아갔다.

크리스털 팰리스는 1936년에 화재로 소실되었고, 현재는 공룡과 다른 선사 시대 동물들만 남아 새롭게 복원되고 채색되었다. 이는 자연의 뛰어난 복원력을 상징할 뿐만 아니라 인간의 성취가 얼마나 덧없는지 상기시킨다.

뼈 전쟁

공룡이 최초로 발견된 해가 철도가 최초로 건설된 1820년대였다는 것은 분명 우연이 아니며, 두 사건 모두 당시 산업 분야에서 세계를 선도한 영국에서 일어났다는 것도 필연이다. 초기의 철도 열차는 '철마'로 알려졌다. 공룡, 기차, 공장은 모

몽골의 우표. 이제 자국에서 발견된 공룡을 국가유산의 일부이자 지위의 원천으로 보는 나라가 많다. 몽골은 공룡 뼈가 많이 발견되었다는 점에서 특히 자부심을 갖고 있다.

두 굉음을 내고 자율적으로 움직였으며 각자의 대사 체계를 갖추고 있었다. 철도의 규모와 힘, 거대한 대포, 군함, 산업 기계 역시 경외심을 불러일으켰다. 대영제국과 점점 더 세계화되어가는 경제는 방대한 규모로 거대한 생명체의 영역을 나타냈다. 공룡은 과거이자 현재였으며, 빅토리아 시대 사람들에게 두려움과 매혹을 동시에 불러일으키는 모든 것이었다. 즉 시대의 인상을 반영하는 거울이었다. 거대한 기계와 거대한 국가의 존재가 공룡에 대한 상상을 어렵지 않은 일로 만들었고, 결과적으로 공룡은 기술을 좀 더 자연스럽게 느껴지도록 만들었다.

크리스털 팰리스 파크는 공룡의 크기뿐만 아니라 상업적인 연관성 덕분에 근대성의 토템으로서 공룡의 지위를 확고히 했다. 19세기의 마지막 사반세기 무렵, 공룡들은 높은 지위와 위신을 상징했다. 국가, 산업계, 과학계, 박물관에서 서로 공룡을 차지하려고 했고, 과학적인 내용과는 별 관련 없이 다소 유치한 양상을 띠었다. 누가 가장 큰 공룡을 소유했는가? 누가 가장 많은 공룡을 발견했는가? 어느 나라에 공룡이 가장 많았나? 이 유치한 경쟁은 공룡에 대한 사람들의 사고방식으로 확대되었다. 가장 긴 공룡은? 키가 가장 큰 공룡은? 가장 난폭한 공룡은? 가장 빠른 공룡은? 어떤 공룡이 챔피언 대회에서 우승할 수 있을까? 트리케라톱스가 티라노사우루스를 이길 수 있을까? 스테고사우루스가 알로사우루스를 이길 수 있을까?

공룡이 살던 땅은 가장 이국적인 영역이었기 때문에 대영 제국의 전성기에 영국인들은 그곳을 탐험하고 심지어 정복하는 일까지 꿈꾸었을 것이다. 다른 한편으로 공룡은 멸종했기에 고대 왕국의 잃어버린 위대함을 상징할 뿐만 아니라, 인간에 대한 경고의 역할을 했던 것 같다. 이렇듯 모순적인 비유에 대해 생각하는 것이 늘 편하지는 않았고, 그래서 빅토리아 시대 사람들은 공룡을 통해 자신이 투영하고 싶은 모습의 이면을 드러냈다.

과학계가 진화론을 폭넓게 수용하면서 자연 신학이 쇠퇴하자 공룡에 관한 연구는 별다른 목적의식을 갖지 못하게 되었다. 공룡은 너무 먼 과거에 살았고 화석 기록도 단편적이었던 탓에 진화 논쟁의 대상으로서 극히 일부에 지나지 않았다. 다윈은 『종의 기원』 초판에서 공룡에 대해 전혀 다루지 않았고, 4판에서는 시조새로 간단히 언급했을 뿐이었다.[12] 공룡 연구는 한동안 주로 진기한 것을 수집하고 이름을 붙이는 문제로 국한되었고, 여러 기관과 사건을 상징하는 은유의 대상으로 기능했다.

하지만 공룡을 통해 생명에 대한 개념을 더 넓은 차원에서 전개할 수 있었다. 통치자와 기업가 들은 각자 생각하기에 중요한 의제와 공적을 극적으로 부각시키기 위해 공룡을 사용했다. 특히 미국에서 이런 현상이 두드러졌는데, 미국은 19세기 후반에 이르러 산업 강국으로 발돋움하며 영국의 맞수로 등장했다. 초기 식민지 시대부터 유럽계 미국인들은 성(城)에서 문학적 전통에 이르기까지 구세계에 비할 만한 문화적 기념물이 부족하다는 점을 뼈저리게 인식했으나, 새로운 가능성으로 가득 찬 듯 보이는 야생의 웅장한 풍경을 위안으로 삼았다. 미국 남북전쟁 이후 곧바로 거대한 규모의 서부 개척이 이루어졌는데, 정착민들이 그곳에 철도와 전신선을 놓고 버펄로 떼를 도살하며 아메리카 원주민의 땅을 빼앗았다. 영국인과 마찬가지로 미국인들은 진보와 근대성의 이상이라고 생각한 것에 헌신했고, 새로운 세계의 '문명'과 구세계의 차이는 그들에게 상당히 분명하게 다가왔다. 신대륙에는 버펄로나 이따금 소의 백화된 뼈가 흩어져 있었는데, 이는 거대한 포유류나 공룡의 뼈 위에 쌓였다.

1860년대 후반과 1870년대에 몬태나, 콜로라도, 사우스다코타, 유타 같은 주에서 공룡 뼈가 발견되기 시작하면서, 수십 년 전의 캘리포니아 골드러시를 떠올리게 하는 광적인 움직임이 시작되었다. 공룡 뼈를 발굴한 사람들이 등장하는 그

찰스 R. 나이트, 「뛰어 오르는 라이라프스(*Laeping Laelaps*)」(1897). 라이라프스는 가장 인기 있는 공룡 가운데 하나였으며, 특히 20세기 초부터 미국에서 크게 각광받았다. 그림 속의 라이라프스 두 마리가 너무 난폭해서 이들의 난투극이 그림의 프레임을 벗어날 듯 보인다. 이 그림이 코프와 마시가 벌인 '뼈 전쟁'을 풍자한 것이라고 생각하는 사람들도 있었다.

뒷줄 중앙의 고생물학자 오스니얼 찰스 마시가 경호원과 조수들에게 둘러싸인 모습, 1872년. 실제로는 발굴 작업을 다른 사람들에게 맡기는 마시는 혼자 뼈 발굴 도구를 들고 있는 반면, 주변 사람들은 무기를 갖고 있어 싸우고 싶어 안달이 난 듯 보인다.

림은 분명 서부 지역에 대한 새로운 매혹을 나타낸다. 뼈를 찾아다니는 사람들은 일반적으로 카우보이, 무법자, 보안관 같은 사람들과 거의 구분되지 않는다. 이들은 낡고 먼지 낀 옷차림에 카우보이 모자를 쓰고 양 끝이 말려 올라간 콧수염에 희끗희끗하게 턱수염을 기른 모습으로, 펜은 고사하고 삽보다 소총을 들고 있을 것 같은 분위기를 풍긴다. 대학 휴게실보다 술집이 훨씬 편안해 보이는, 거칠고 난폭하며 능숙한 모습이다. 학자 가운을 입고 공룡 유적을 찾아다닌 윌리엄 버클랜드와는 확실히 거리가 멀었다.

학계에 몸 담아 본 사람이라면 수면 아래 온갖 질투와 대립, 긴장감이 끓어오르고 있으며, 교수들이 때로 비밀과 음모에 휘말리게 된다는 것을 안다. 결국 완전히 마음을 열고 호의로 대한다고 해도 아이디어나 발견에 대한 인정을 어떻게

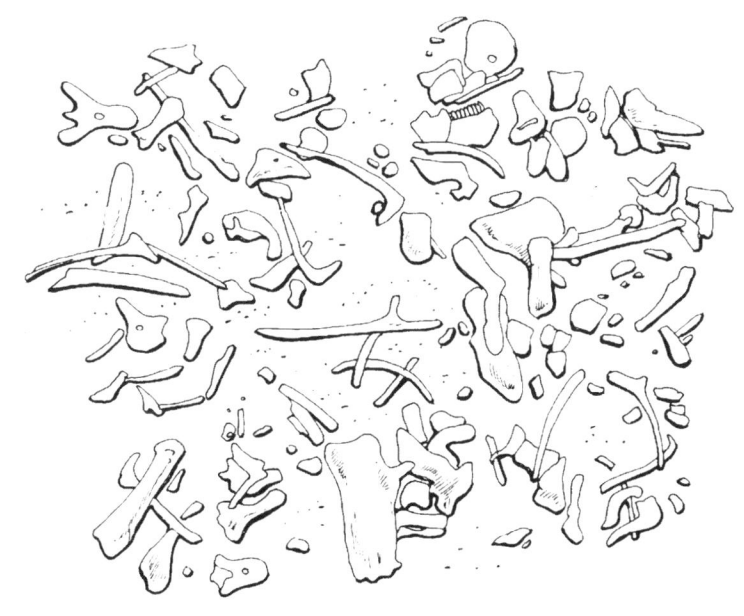

와이오밍에서 발견된 트리케라톱스의 유기 화석 잔해. 19세기 말 공룡 뼈가 유례없이 많이 발견되자 야심 찬 과학자들과 기업가들 간에 공룡 뼈를 두고 광란의 경쟁이 벌어졌다.

배분해야 할지 알기 어렵거나 불가능하며, 이에 대한 논쟁이 불화로까지 확대되곤 한다. 하지만 '뼈 전쟁'에서는 모든 규제가 사라졌다. 가장 큰 뼈를 가장 많이 얻기 위한 광란의 경쟁 속에서 과학적인 조사가 갖는 전통적인 위엄은 동료들의 공포감과 스캔들에 굶주린 대중의 환희로 잊혔다.

이 전쟁의 두 주요 인물은 필라델피아 자연과학 학술원(the Academy of Natural Sciences)의 에드워드 드링커 코프와 예일대학교 피바디 자연사 박물관(Peabody Museum)의 오스니얼 찰스 마시였는데, 이들은 1870년대부터 거의 19세기 말까지 가장 크고 가장 완벽한 형태의 공룡 뼈를 복구하기 위해 막대한 자금 지원을 받아 탐험을 했다. 이 둘의 라이벌 관계에 대한 이야기에는 스파이, 방해 공작, 뇌물과 관련된 범상치 않은 일화가 등장하며, 심지어 화석이 상대방의 손에 들어가는 것을 막으려고 부숴버린 일도 있었다.

둘 사이에 최소 한 번 정도 다툼이 있었고, 마시는 특히 발굴 작업을 할 때마다 힘이 센 남자들을 반드시 대동했다. 코프는 마시가 쓴 논문을 일컬어 '가장 놀라운 오류와 무지의 집합'이라고 불렀다. 이에 마시는 '코프 교수의 정신적, 도덕적 특성은 신뢰와 책임감을 요하는 어떤 자리에도 부적합하다'고 답했다.[13] 두 사람 모두 라이벌 경쟁을 벌이며 막대한 돈을 소진했지만, 그러는 사이 그들은 트리케라톱스, 알로사우루스, 디플로도쿠스, 스테고사우루스를 비롯한 136종의 공룡을 발견하고 이름을 붙였다.

마시가 더 많은 공룡을 발견했기 때문에, 사람들은 늘 마시가 이 전쟁의 승리자라고 생각했지만 과학계의 관점에서 이는 매우 조잡한 기준에 지나지 않는다. 뼈 전쟁이 고생물학의 발전에 기여했을까? 확실한 답은 알 수 없다. 코프와 마시는 경쟁의 압박으로 일을 빨리 처리할 수밖에 없었고, 그 과정에서 많은 실수를 저질렀으며 일부는 아직도 정정되지 않았다. 또한 두 사람은 공룡이 어디서 어떻게 발견되었는지에 관해 자세한 기록을 남길 수 없었거나 남기려고 하지 않았다. 그들은 금을 캐는 시굴자처럼 경쟁자가 중요한 발견을 하지 못하도록 정보를 비밀에 부치고 심지어 거짓을 유포했을지도 모른다. 대부분의 공룡들이 결국엔 발견되었겠지만, 좀 더 여유를 갖고 세심하게 임했다면 장기적으로 더 많은 발견이 이루어졌을 것이다. 가장 중요한 점은 뼈 전쟁이 진실의 탐구보다 선정주의와 상업적 성공, 개인적 지위 확대를 더 추구하는 선례를 남겼다는 것이다.

카네기의 디플로도쿠스

당신이 공룡이 된다면 어떤 공룡이 될까? 앤드루 카네기(Andrew Carnegie, 1835~1919)에게 이 질문의 답은 매우 간단했다. 가장 큰 공룡! 1898년 11월, 세계 최고 부자

디플로도쿠스 카네기의 뼈 사진, 1905년. 오른쪽에 보이는 사람은 아서 코게샬(Arthur Cogeshall)로, 그는 이 공룡이 독립기념일인 7월 4일에 발견되었으므로 '미국적인 공룡'이라고 불러야 한다는 농담을 했다.

로 손꼽히던 카네기는 「뉴욕 헤럴드(New York Herald)」를 읽던 중 '지구상에서 가장 거대한 동물이 서부에서 발견되다'라는 제목의 기사를 보았다. 기사에는 '브론토사우루스'라고 명명된 동물의 그림이 실렸고, '이 공룡이 일어서면 그 높이가 11층짜리 고층 빌딩만 하다'고 쓰여 있었다. 이 그림 속의 거대한 용각류는 두 다리로 똑바로 서서 고층 건물의 꼭대기 층 창문을 들여다보는 모습이었다. '코끼리 세 마리를 합친 만큼 큰 위장을 먹이로 채웠다,' '화가 나면 끔찍한 소리로 울부짖었는데 16킬로미터 정도 떨어진 곳에서도 들릴 정도였다'는 헤드라인도 있었다.[14] 이 기사에 깊은 인상을 받은 카네기가 신축된 카네기 연구소 소장인 윌리엄 홀랜드(William Holland)에게 다음과 같은 편지를 보냈다. '소장님, 피츠버그를 위해 이걸 사시는 건 어떻겠습니까? 시도해 보시죠.'[15] 신문 기사의 일부는 과장된 것으로,

일부는 거짓으로 드러났지만 홀랜드는 거대한 공룡의 뼈를 힘들게 찾아 매입했다. 사실 다른 두 공룡의 뼈를 결합한 다음 석고로 만든 머리를 합치는 작업이 필요했지만, 결과물은 지금까지 발견된 공룡 중 가장 큰 공룡으로 여겨질 수 있었다. 카네기는 심지어 자신의 이름을 따서 디플로도쿠스 카네기라는 이름을 붙였다. 홀랜드는 당시 꽤 흔하게 쓰였던 과장된 표현을 빌려, '이런 종류의 사업 중 세계 역사에서 가장 거대한 과업'이라고 말했다.[16]

약 3년 후 빅토리아 여왕(Queen Victoria, 1819~1901)의 아들인 에드워드 7세(Edward VII, 1841~1910)가 스코틀랜드 스키보의 성에서 여름 휴가를 즐기던 카네기를 방문했다. 왕은 공룡의 사진을 보고 대영 박물관에 공룡을 들이고 싶다고 말했다. 카네기는 홀랜드에게 편지를 써서 공룡 하나를 구할 수 있는지 물었고, 홀랜드는 디플로도쿠스를 한 마리 더 발견할 확률은 극히 낮지만 석고로 복제품을 만들 수 있을 것이라고 했다.[17] 카네기는 왕의 바람을 들어주어 대영 박물관에 석고로 만든 디플로도쿠스를 보낸 뒤 독일, 프랑스, 멕시코, 오스트리아, 아르헨티나의 박물관에 보낼 석고상을 추가로 만들었지만 미국 박물관을 위한 것은 없었다. 물론 디플로도쿠스는 미국 과학계의 우수성을 나타내는 상징이었다. 덕분에 카네기는 혼자 힘으로 대통령이나 군주들과 완전히 동등한 조건으로 교류할 수 있는 거의 제2의 정부로 자리매김했다.

카네기는 '적자생존'이라는 생물학적 개념을 사회 현상에 적용한 허버트 스펜서(Herbert Spencer, 1820~1903)의 사회 진화론을 강하게 신봉했지만, 대중에 대한 부유층의 의무를 강조함으로써 이런 철학을 보완하려고 노력했다. 그러나 그는 적어도 공룡과 관련해서는 부를 진화적 성공과 동일시했던 만큼 크기를 우월성과 동일시했다. 사회 진화론은 처음부터 막연한 연상들을 뒤섞어 놓은 것에 지나지 않았으며, 카네기는 거기에 그저 한 가지를 덧붙인 것이다. 돈과 권력의 화려함에 현혹되지 않는 사람이라면 거대한 몸집이 반드시 진화적 이점이 아니라는 것을 알 수 있어야 했다. 게다가 가장 크다고 해서 반드시 더 큰 과학적 관심을 불러일으키는

앤드루 카네기가 기증한 디플로도쿠스 석고 모형, 런던 자연사 박물관.

것도 아니었다. 선사 시대 거인들을 보여주는 전시는 사실 놀이공원의 기괴한 쇼와 전혀 다르지 않았다.

당시는 위대한 야망의 시대였으며, 이런 풍조가 정치사상이나 이데올로기를 초월하여 거대한 규모의 조각이나 건물, 예술 작품으로 표현되었다. 이런 점에서 웅장한 규모의 공개 의식과 기념물과 공공 예술로 가득한 소련이 여기에 가장 부합하는 곳이었다. 하지만 소련의 공산주의는 본질적으로 역사를 통해 인류가 지속적으로 발전한다는 빅토리아 시대의 믿음이 변형된 사상이었다. 따라서 소련의 바실리 바타긴(Vasily Vatagin, 1884~1969)과 콘스탄틴 플라이로프(Konstantin Floyrov, 1904~1980) 같은 예술가들은 선사 시대를 가능한 한 폭력적이고 야만적으로 표현하고자 했다.[18] 선사 시대는 '약육강식의 법칙'으로 대변되는 '약탈적 자본주의(predatory capitalism)'의 실례가 되었다. 그러나 공산주의자들은 자본주의식 생산 방식에서 생겨나는 에너지에 늘 감탄했고, 그런 점 역시 그들의 작품에 반영되었다.

4. 크리스털 팰리스에서 쥬라기 공원까지　131

이후 초기 산업화의 열기가 두 차례의 세계대전과 대공황으로 인해 사라지면서 서양의 공룡들은 실패와 멸종과 동일시되었다. 결국 빅토리아 시대는 과거 속으로 퇴장하여 향수의 대상이 되거나 반란을 위한 자극제로 기능하기도 했다. 때로는 안정과 강력한 가치의 시대로 잘못 이상화되기도 했는데, 공룡이 등장하는 수많은 동화와 인형들이 대개 그런 향수에 호소하는 것들이다.

디노랜드

싱클레어 오일은 1939년과 1964년의 만국박람회에서 크리스털 팰리스 전시 이후 가장 화려한 공룡 행사였을 디노랜드(Dinoland)를 후원했다. 1916년에 해리 싱클레어(Harry Sinclair, 1876~1956)가 이 회사를 설립했으며 대공황 시절인 1930년에 회사 로고에 브론토사우루스(현재는 '아파토사우루스'로 불린다) 그림을 넣었다. 당시는 대기업의 평판이 좋지 않았고 디노매니아, 즉 공룡 열풍도 사그라들었지만 회사는 참신한 방법으로 공룡을 활용했다. 카네기처럼 중공업의 영광스러운 미래를 제시한 것이 아니라, 공룡과 지구와의 연관성을 통해 안정적인 과거를 상징했다. 싱클레어 오일은 공룡의 거대함으로 역동성이나 지배력을 내세우는 대신 안정감을 제시한 것이다. 싱클레어 오일이 볼 때 거대함은 더 이상 역동성이나 지배력을 드러내는 요소가 아니었다. 은행들이 도산하고 평화가 더욱 위태로워 보이는 세상에서 싱클레어 오일은 의지할 수 있는 유일한 대상이었다. 20세기 중반 정도까지 이런 이미지가 끊임없이 확산되며 공룡은 푸근한 친근감을 갖게 되었다. 누구나 티라노사우루스, 브론토사우루스, 스테고사우루스 같은 '중요한' 공룡들을 알고 있었는데, 우리가 연예인을 아는 것과 거의 비슷했다. 현재 공룡이 아이나 가족들과 연관성을 갖는 것은 상당 부분 싱클레어 오일 덕분이다.

브론토사우루스 로고는 처음에 석유가 주로 공룡의 사체로부터 만들어졌다는

복원된 싱클레어 오일의 주유 펌프. 주유 펌프에 자랑스럽게 그려져 있는 브론토사우루스는 20세기 중반에 가장 알아보기 쉬운 기업 로고 가운데 하나였으며, 맥도날드의 금빛 아치에 필적할 정도였다.

이론을 암시했지만, 이 이론은 이미 오래전에 신빙성을 잃은 상태였다. 20세기 후반 싱클레어 오일은 자사 석유가 고급 와인처럼 잘 숙성된 것임을 넌지시 드러내며 제조 공정을 포도 재배의 비법에 비유했다. 많은 광고에서 싱클레어 오일은 '싱클레어 상표의 강력한 브론토사우루스는 싱클레어 석유 제품의 원유가 만들어진 시대와 제품의 뛰어난 품질을 상징한다. 공룡이 살던 시절 땅속에서 무르익은 원유이다'라고 공표했다.

하지만 석유 업계의 거물은 사실상 오랜 시간에 걸쳐 다른 정유 회사들을 인수해온 존 D. 록펠러(John D. Rockefeller, 1839~1937)의 스탠더드 오일(Standard Oil)이었다.

스탠더드 오일은 1911년에 미국 연방대법원으로부터 독과점 판결을 받고 해체되었으나 록펠러가 각 승계회사의 보유 지분을 통해 지배권을 유지했다. 싱클레어 오일의 로고는 아마도 카네기가 사들인 디플로도쿠스를 상기시키기 위한 의도였을 것이다. 카네기가 록펠러와 경쟁할 수 있는 몇 안 되는 기업가 가운데 한 명이었기 때문이다. 싱클레어는 고생물학과 관련된 탐험을 후원했는데, 특히 아시아의 공룡 뼈를 찾기 위해 미국 자연사 박물관에서 파견된 바넘 브라운(Barnum Brown, 1872~1963)의 원정대를 후원하여 고생물학과 석유 시추 사이의 유사성을 은근히 드러냈다. 그 대가로 브라운은 싱클레어 오일의 공룡이 그려진 팸플릿을 만들었다. 싱클레어 가솔린 광고에서 상당히 의인화된 브론토사우루스가 주유소 직원으로 등장하곤 했는데, 두 발로 서서 꼬리는 공중으로 들어 올린 모습이었다. 싱클레어 오일은 1933년 시카고에서 열린 '진보의 세기' 만국박람회에 21미터 길이의

1964년 싱클레어 디노랜드로 트리케라톱스를 싣고 온 트럭. 이 공룡 모형은 이동 중에도 군중을 끌어 모았다.

...a hand in things to come

Reaching into a lost world
...for a plastic you use every day

Massive creatures once sloshed through endless swamps, feeding on huge ferns, luxuriant rushes and strange pulp-like trees. After ruling for 100 million years, the giant animals and plants vanished forever beneath the surface with violent upheavals in the earth's crust. Over a long period, they gradually turned into great deposits of oil and natural gas. And today, Union Carbide converts these vast resources into a modern miracle—the widely-used plastic called polyethylene.

Millions of feet of tough, transparent polyethylene film are used each year to protect the freshness of perishable foods. Scores of other useful things are made from polyethylene . . . unbreakable kitchenware, alive with color . . . bottles that dispense a fine spray with a gentle squeeze . . . electrical insulation for your television antenna, and even for trans-oceanic telephone cables.

Polyethylene is only one of many plastics and chemicals that Union Carbide creates from oil and natural gas. By constant research into the basic elements of nature, the people of Union Carbide bring new and better products into your everyday life.

Learn about the exciting work going on now in plastics, carbons, chemicals, gases, metals, and nuclear energy. Write for "Products and Processes" Booklet H, Union Carbide Corporation, 30 E. 42nd St., New York 17, N. Y. In Canada, Union Carbide Canada Limited, Toronto.

...a hand
in things to come

「내셔널 지오그래픽」에 실린 유니언카바이드 석유화학제품 광고, 1960년. 플라스틱 제품의 광고주들은 가솔린 광고주들과 마찬가지로 플라스틱을 공룡과 연관시켜 자사의 제품이 인공적이라는 인식을 없애고자 했다.

1960년대 초의 싱클레어 오일 광고로, 브론토사우루스가 두 다리로 서서 친절한 주유소 직원으로 일하는 모습이다.

섬유유리 소재의 브론토사우루스를 보내는 등 여러 권위 있는 행사에 공룡 모형을 후원했다. 이 회사는 책자, 장난감, 우표를 포함한 공룡 관련 물품들을 내놓았다.

싱클레어 오일은 1964년 뉴욕에서 열린 만국박람회를 위해 브론토사우루스를 새로 손보았고, 13.5미터의 티라노사우루스 렉스 등 새로운 섬유유리 소재의 공룡

1964년 뉴욕 만국박람회의 싱클레어 디노랜드 신문 광고. 공룡들의 얼굴 표정과 자세가 어쩐지 구슬퍼 보이는데, 마치 현대적인 환경을 약간 어색하게 느끼는 것 같다.

들을 선보였다. 모든 공룡 모형은 목과 머리를 움직이는 모터가 포함되어 있어 부분적으로 자동화되었다. 브론토사우루스나 티라노사우루스, 스테고사우루스 같이 몸집이 큰 공룡들은 여전히 꼬리를 땅에 끌고 다녔고 몇몇 공룡들은 다리가 약간 측면으로 벌어져 있었지만, 스트루티오미무스와 오르니톨레스테스와 같이

4. 크리스털 팰리스에서 쥬라기 공원까지   **137**

어린이의 상상과 박물관 전시 사이 어딘가에 놓여있는 싱클레어 디노랜드의 개관. 방문객들은 두려움이나 영감을 불러일으키는 이야기와 관련 없는 방식으로 여러 각도에서 공룡을 관찰할 수 있었다.

몸집이 작은 공룡들은 두 발로 걷고 꼬리가 위를 향했다. 안내 책자에는 오르니톨레스테스에 대해 특히 '민첩하고 활동적'이라고 쓰여 있었다.[19] 이는 아마도 이 전시회의 과학 자문 가운데 한 명인 존 오스트롬의 의견을 반영한 것이었을 텐데, 그는 이후에도 계속 조류가 공룡의 후손이라고 설득력 있게 주장했다. 하지만 이 전시물의 일반적인 효과는 크리스털 팰리스 파크와 마찬가지로 대중의 머릿속에 공룡이 문장(紋章) 속의 동물 그림처럼 정적인 모습으로 박제된 것이었다. 이런 인상은 신문이나 잡지 속의 수많은 광고를 통해 널리 퍼졌고, 이 덕분에 공룡에 대한 대중의 인식은 어떤 과학 출판물이 할 수 있는 것보다 훨씬 더 효과적으로 표준화되었다.

이 전시는 공룡의 상징성과 마케팅에 있어서 산업 시대의 절정을 보여주었는데, 크리스털 팰리스 파크에서 시작된 이런 경향은 어린 시절의 향수 덕분에 널리 퍼졌다. 디노랜드는 시간이 멈춘 장소였고 동시에 그 안에서는 나이와 질병, 정치에 대한 모든 걱정도 멈추었다. 크리스털 팰리스 파크에서는 공룡 모형이 주변의

1964년 만국박람회의 전시를 위해 싱클레어 오일에서 만든 소책자에 등장하는 티라노사우루스 렉스. '이제까지 살았던 가장 크고 무서운 육식 공룡'이었고 '수백만 년 동안 최고로 군림했다'는 설명이 있다. 이런 소개 글 다음에 등장한 이 이미지는 다소 실망스러울 수도 있었다. 아주 작은 팔이 어색하고 큰 배는 불안정하게 드러나 있기 때문이었다.

싱클레어 오일 소책자에 실린 트리케라톱스의 이미지. '이 강인해 보이는 녀석은 코뿔소를 닮았다'라는 설명과 함께 '앵무새 같은 부리'라는 표현도 있었다. 이 그림을 그린 이는 트리케라톱스의 몸에 호랑이 같은 줄무늬도 그려 넣었다.

4. 크리스털 팰리스에서 쥬라기 공원까지 **139**

1964년 만국박람회 전시를 위해 싱클레어 오일에서 만든 소책자에 등장하는 스테고사우루스. 본문에서 스테고사우루스를 일컬어 '모든 공룡 중 가장 이상하게 생긴 것 중 하나'라고 부른다. 이 공룡의 다리는 양쪽으로 벌어져 있는데 큰 몸통 때문에 어색해 보인다.

싱클레어 오일 소책자에 등장하는 오르니톨레스테스. 다른 이미지에 등장하는 몸집이 더 큰 동류와 달리, 이 공룡은 매우 빠르고 민첩해 보인다.

인공 섬에 설치되었지만, 싱클레어 공룡들은 만국박람회에 직접 전시되어 이 선사시대 괴물들이 얼마나 완벽하게 길들여졌는지 보여주었다. 동시에 진보의 이데올로기가 전시 전체를 관통하고 있었지만 확신에 찬 주장은 아니었다. 만국박람회는 진보에 대한 찬양만큼이나 과거에 대한 찬양이었고, 과거 시대를 대변하는 공룡은 어떤 양가성도 없어서 이런 점에 적합해 보였다. 아마도 그 당시에는 진보라는 개념조차 향수를 불러일으켰을 것이다. 오늘날 싱클레어 웹사이트에서는 어린 손자에게 디노랜드에 가본 경험을 다정하게 들려주는 할아버지의 모습이 담긴 광고를 볼 수 있다.

6백만 명이 디노랜드를 방문했고 그중 50만 명이 장난감 공룡을 구입했다.[20] 하지만 이후 싱클레어 오일은 섬유유리 공룡을 모두 팔거나 없애 버렸으며 다시는 그런 전시를 계획하지 않았다. 이 회사는 사회적 변화와 과학 이론 탓에 이후의 전시에서는 공룡의 변화가 반드시 필요하다는 사실을 깨달았는데, 그렇게 되면 향수를 자극하는 공룡의 모습과는 배치되는 것이었다. 산업화 이후 디지털 장치와 상호 작용하는 데 익숙해진 대중은 얼굴만 돌아가는 공룡에 더는 만족하지 못했다.

석유 업계는 카네기의 디플로도쿠스나 싱클레어의 브론토사우루스처럼 기억

존 마골리스, 해럴드 오토 센터, 싱클레어 주유소, 플로리다 19번 도로, 1979년. 공룡과 이동 수단, 공룡 사체와 휘발유는 서로 긴밀하게 연관되어 있다.

4. 크리스털 팰리스에서 쥬라기 공원까지

에 남는 상징을 최근에는 만들어내지 못했지만 공룡 연구에 깊이 관여해 왔다. 석유 재벌 데이비드 해밀턴 코크(David Hamilton Koch, 1940~)는 스미스소니언 협회와 미국 자연사 박물관의 공룡 전시를 위해 수천만 달러의 기증품을 전달했다. 이 두 기관에서 기후 변화에 대한 인식을 고취시키려는 노력을 하고 있음에도 불구하고, 미국 자연사 박물관에는 이런 노력들에 반하는 캠페인을 후원하는 코크의 이름을 딴 공룡관이 있다. 석유와 천연가스로 막대한 부를 일군 던컨(Duncan) 가(家)는 휴스턴 자연과학 박물관(Huston Museum of Natural Science)의 대규모 고생물학관 설립을 돕는 주요 후원자이다.[21]

하이테크 공룡

제2차 세계대전 이후 경제 성장이 계속되면서 대중은 안보 대신 자극과 재미를 찾게 되었으며, 테크니컬러와 정교한 특수 효과로 무장한 영화를 통해 동시대의 전자 모형보다 자극과 재미를 훨씬 더 효과적으로 경험할 수 있었다. 많은 사람들이 싱클레어 오일이 주최한 전시를 보며 공룡과 함께 사는 백일몽을 꾸기 시작했다면, 일련의 B급 영화를 보며 간접 경험을 할 수 있었다. 1966년에 워너브라더스는 공룡이 멸종되고 인류는 아직 등장하지 않았던 시기를 다룬 「공룡 백만 년(One Million Years b.c.)」을 제작했다. 이 영화의 포스터에는 다음과 같은 문구가 있었다. '시공간을 거슬러 인류가 시작되기 전까지의 시간을 여행한다. (중략) 욕망이 유일한 법이었던 야만의 세계를 만나보자! 숨이 멎을 듯 아름다운 색감의 대형 스크린에 전에 없던 방식으로 리얼리즘과 야만성, 화려한 풍경을 재현한다.' 화면의 한쪽에서는 원시인이 티라노사우루스의 공격에 맞서 벼랑에서 창과 돌을 던지는 동안, 다른 쪽에서는 브론토사우루스가 원시인 한 명을 입으로 물어 들어올리고 있었다. 포스터의 전경에는 신인 배우 라켈 웰치(Raquel Welch, 1940~)가 당시 유행하던 메이

크업을 하고 퍼 장식의 비키니를 입은 채 서 있다. 이 영화는 인간과 공룡 간의 스펙터클한 전투, 산사태나 급작스러운 화산 폭발 같은 자연 재해 등의 볼거리가 주를 이루는 가운데 웰치가 분한 '금발의 로아나(Loana the Fair One)'와 이웃 부족 남성의 로맨스도 곁들이고 있다. 뒤를 이어 1970년에도 워너브라더스가 비슷한 영화인 「공룡 시대(When Dinosaurs Ruled the Earth)」를 만들었는데, 빅토리아 베트리(Victoria Vetri, 1944~)가 출연하고 웨일스에서 촬영했다. 이 영화의 포스터에는 맨살을 많이 드러낸 금발의 여자를 입으로 물어 들어올리는 티라노사우루스가 등장했다. 브론토사우루스는 마치 성직자가 두 손을 들고 경배를 드리는 듯한 자세로 익룡을 공격하고 있었다. 아마도 부지불식간에 디노매니아를 패러디한 것일 테다. 정 가운데 비키니를 입고 창을 들고 서 있는 베트리 위로 '미지의 공포, 이교도 숭배, 처녀 희생의 시대로 초대합니다'라는 문구가 보인다. 「공룡 시대」는 공포 영화, 해변 영화, 재난 영화, 연속극이 모두 결합된 장르를 선보였다. 이구아나의

태국 방콕의 테마파크 공룡 플래닛(Dinosaur Planet).

4. 크리스털 팰리스에서 쥬라기 공원까지

이미지를 확대하여 공룡으로 사용하는 등 일부 특수 효과는 비교적 조잡했지만, 스톱 모션 애니메이션은 최신식이었고 덕분에 아카데미 상 후보작으로 선정되었다.

그러나 디지털 혁명으로 공룡 모형을 비롯한 다른 표현 방식이 결국 영화를 따라 잡았다. 오늘날 세계 곳곳에 수많은 공룡 테마파크가 있다. 일례로 공룡 월드(Dinosaur World)는 플로리다, 텍사스, 켄터키 등에 지점을 두고 있다. 각 지점에 45미터 길이의 몇몇 공룡을 포함하여 2백여 개의 플라스틱 공룡 모형이 있는데, 이들은 상호작용이 가능하다. 일본에서는 크리에이처 테크놀로지(Creature Technologies)라는 회사가 엄청나게 인기 있는 공룡 로봇의 순회 전시를 주최했으며, 이 전시품은 한 놀이공원에 영구히 보존될 예정이다. 방문객들은 놀이기구처럼 올라가는 티라노사우루스 렉스의 아래턱에 올라타려고 줄을 선다. 그 밖에 고속도로와 소도시 주변으로 다소 작은 규모의 공룡 테마파크가 셀 수 없이 많다. 크라이텍(Crytek)은 컴퓨터 매니아들을 위해 '공룡 아일랜드(Dinosaur Island)'라는 프로그램을 만들었다. 이것은 공룡이 사는 세상을 방문해 볼 수 있는 가상 현실 게임이다. 또한 '정글 디노(Jungle Dino)'라는 컴퓨터 게임도 만들었는데, 선사 시대 동물들과 상호 작용하고 그들을 조정하는 방식으로 진행된다. 폴리건(Polygon)이 만든 또 다른 게임은 '아일랜드 359(Island 359)'로, 공룡섬에 들어가 가능한 한 많은 공룡을 죽이는 방식으로 진행된다.

한 지역 신문은 다음과 같은 기사에서, 뉴욕 시러큐스에 위치한 밀턴 J. 루벤스타인 과학 기술 박물관(Milton J. Rubenstein Museum of Science and Technology)에서 열린 공룡 로봇 전시회를 다루며 '디노매니아'에 대해 설명한다.

> 박물관 입구에 서면 안으로 들어가기도 전에 빛과 소리가 들린다. 마치 현실 세계의 '쥬라기 공원'에 온 듯한 기분이다. 우측에 오리 같은 주둥이를 가진 공룡의 해골 로봇이 있는데 이곳을 방문한 고생물학자가 완벽하게 조정할 수 있다. 부모들은 어린 자녀들에게 이것은 '진짜가 아님'을 확인해 줄 기회를 준다. 어미 아파토사우루스가 새끼에게 먹이를 주며 방문객을 맞이한다. 좌측 끝에는 네 마리의

데이노니쿠스에 의해 산 채로 먹히고 있는 테론토사우루스가 한 마리 있다. (중략) 근처에서 어미 마이아사우라가 부화하는 새끼들에게 먹이를 주는 사이 '민머리' 파키케팔로사우루스 두 마리가 서로 대치하며 승패를 겨루고 있다. 한 마리의 트리케라톱스가 측면에 홀로 서서 방문객들이 올라타 재미있는 사진을 찍길 기다리는 사이에 야수 같은 티라노사우루스 렉스는 위로 솟아 있는데 그 날카로운 포효가 온 몸의 털이 곤두서고 척추를 따라 전율을 느낄 만큼 가까이서 들린다.[22]

이 전시가 전통적인 박물관 전시보다 놀이공원의 '유령의 집'에 훨씬 더 가깝다는 것은 분명하다. 관람객이 상상력을 펼칠 기회는 거의 없으며, 공룡의 출현과 행동에 대한 다소 정형화된 고정 관념이 강화된다. 아이들이 과학 연구에 필요한 신중하고 반복적인 작업을 경험할 수 없다는 것도 거의 확실하다.

게다가 20세기 후반에는 공룡 관련 상품들이 급증했는데 크리스털 팰리스 파크가 등장하면서 시작된 현상이다. 초기의 아동용 공룡 피규어는 고루한 품위를 갖추고 있었고 제조사들은 공룡 피규어가 '장난감'보다는 모형으로 보이기를 바랐다. 공룡 피규어는 다소 일반적인 자세를 취하고 있어 기본적인 형태를 보여주기 좋았지만 뻣뻣하고 움직이지 못하는 것처럼 보였다. 상당히 진지했던 박물관들은 공격적인 마케팅을 꺼리는 듯했지만, 20세기 중반 이후에는 이런 경향이 서서히 사라졌다. 청동 모형은 다채로운 색깔의 플라스틱 액션 피규어로 바뀌었는데, 덕분에 중세 기사나 우주 비행사에 맞서 싸우는 설정이 쉬워졌을 것이다. 공룡을 열렬히 사랑한 스티븐 J. 굴드는 '마케팅 에이전트가 고안할 수 있는 귀엽고 털이 복슬복슬하며, 수익성이 있는 모든 장소에 등장하는 공룡과 뗄 수 없는 아동 문화의 범람'에 대해 불만을 드러냈다. 그는 '티셔츠며 우유팩마다 공룡이 그려져 있어 발견의 신비나 기쁨이 배제되며, 이런 형태의 마케팅이 어쩔 수 없이 진부함을 불러일으키는 것'이라고 덧붙였다.[23]

굴드가 불만을 표출한 이후에도 「쥬라기 공원」 영화 덕분에 공룡 제품의 마케팅은 훨씬 더 흔해졌다. 이 영화는 단지 공룡 테마파크에 관한 것일 뿐만 아니라 공룡 테마파크 그 자체이다. 즉, 과학의 이름으로 정교하게 만들어진, 엄청나게 비싼 선사 시대 동물의 공공 전시품이지만, 장난감과 많은 소품들의 상업용 파생 상품으로 집중적인 마케팅 대상인 것이다. 여기에는 야구 모자, 스웨트 셔츠, 범퍼 스티커, 열쇠고리, 머그컵, 넥타이, 휴대폰 케이스, 샤워 커튼, 냉장고 자석 등이 포함된다. 그리고 이 목록은 사실상 끝없이 이어진다. 공룡 영화들은 크리스털 팰리스 파크와 싱클레어 디노랜드의 전통을 잇는 계승자이다. 첫 번째 영화만 고생물학에 들어간 돈보다 제작비가 더 많이 들었고 이후에는 벌어들인 수익이 훨씬 더 많았다.[24]

동영상, 가상 현실, 로봇 공학 관련 신기술 덕분에 공룡이 등장하는 상상의 이야기는 (아직 그런 일이 일어나지 않았다면) 곧 고생물학자들이 재구성한 현실을 거의 완벽하게 압도할 것이다. 「고지라」 독점 판매권은 50년 이상 되었으며 여전히 강력하다. 「쥬라기 공원」 독점 판매권도 비슷하게 오래 되었으며, 웅장한 공룡 발견물과 갖가지 최신 경향을 반영하여 훨씬 더 정교한 특수 효과를 선보이는 영화들도 제작되었다. 그러나 과학적 연구를 진지하게 반영하는 듯한 자세를 유지하면서 어떻게 이런 일이 일어날 수 있었는지 알기는 어렵다. 공룡 연구의 토대 위에 세워진 환상의 집은 아파토사우루스조차 길을 잃을 수 있는 곳이었다.

대중문화는 어느 한 분야에 특별한 존경을 표하지 않으면서 순수 문학, 과학, 민속학 등 다양한 출처를 차용해 왔다. 엔터테인먼트나 광고와 같은 영역에서 공룡은 처음에 그랬듯이 본질적으로 다양한 특성을 갖춘 괴물이 될 것이다. 「던전 앤 드래곤스(*Dungeon and Dragons*)」는 현재 해즈브로(Hasbro)에서 제작하는 롤플레잉 게임으로, 유저들이 주술사와 평범하지 않은 생명체 들이 사는 판타지 세계 안에서 자신만의 이야기를 구성하는 방식으로 진행된다. 이 게임에는 『천일야화(*The Arabian Nights Entertainments*)』에서 가져오거나 순수 창작 형태의 다양한 용과 더불어 이따금 공룡이 등장한다. 가장 최근 버전인 「네버윈터: 전멸의 무덤(*Neverwinter: Tomb of Annihilation*)」(2017)에는 공룡뿐만 아니라 공룡 좀비까지 적지 않은 비중으로 등장한다. 공식 트레일러는 티라노사우루스 렉스가 포효하며 시작된다. 브뤼노 라투르(Bruno Latour, 1947~)에 따르면, '근대(modern)라는 단어는 시간의 혁명, 가속, 파열과 새로운 정권을 지칭한다.'[25] 용과 공룡을 분리시킨 것은 이런 균열이었다. 하지만 라투르가 주장했듯이 근대성(modernity)이 환상이라면 그 둘의 차이도 그러하다.

5 공룡 르네상스

> 뼈들에게 주 야훼가 말한다. '내가 너희 속에 숨을 불어넣어 너희를 살리리라. 너희에게 힘줄을 이어놓고 살을 붙이고 가죽을 씌우고 숨을 불어넣어 너희를 살리면 그제야 너희는 내가 야훼임을 알게 되리라.' 나는 분부하신 대로 말씀을 전하였다. 내가 말씀을 전하는 동안 뼈들이 움직이며 서로 붙는 소리가 났다. 내가 바라보고 있는 가운데 뼈들에게 힘줄이 이어졌고 살이 붙었으며 가죽이 씌워졌다.
>
> 에제키엘서(Book of Ezekiel) (37장 5~8절, 예루살렘 성서)

제2차 세계대전 이후 20년의 세월은 미국인들의 기억 속에 향수와 혐오가 뒤엉킨 채 남아있다. 미국은 '자유 세계'의 선도자로서 거의 구세주적인 강한 사명감을 가지고 있었고 역사상 가장 길고 큰 경제적 번영을 만끽하고 있었다. 새롭게 등장한 매체인 텔레비전에서는 서부 영화가 무법에 맞선 문명의 승리를 축하했고 시트콤은 풍요의 기쁨을 보여주었다. 텔레비전 만화 「고인돌 가족 플린스톤(*The Flintstones*)」에서는 원시인들이 공룡을 타고 일터로 가는데, 이런 오락물을 보면 1950년대 교외의 풍요로운 삶이 영원히 지속될 것만 같았다.

그러나 이런 낙관주의도 저변에 거세게 흐르는 공포와 좌절, 저항을 완전히 감추지는 못했다. 미국은 소련과 냉전 중이었으므로 공포와 긴장의 분위기가 계속 이어졌다. 제2차 세계대전 이후 수십 년은 미국과 유럽 지식인들에게 침체기이자 문화적으로 공허하고 억압적인 시기였다. 흑인 민권 운동은 인종 차별 정책뿐만 아니라 미국이 표방하는 도덕적 우월주의에도 간접적으로 반기를 들었다. 미국은

만화 「고인돌 가족 플린스톤」의 한 장면. 1950년대 미국 교외의 부유한 중산층을 이상적으로 묘사한 이 만화에서, 공룡은 기계의 자리를 대신한다. 여러 면에서 공룡은 오늘날의 '스마트'한 장치를 예견한 듯 보인다.

여러 면에서 몰락 직전인 것처럼 보였지만, 어쩌면 극적인 변화에 대비하고 있었는지도 모른다.

당시 미국 사회를 점차 물들이던 불안과 좌절은 1962년에 발간된 토머스 쿤(Thomas Kuhn, 1922~1996)의 저서 『과학 혁명의 구조(The Structure of Scientific Revolution)』에 잘 나타나 있다. 이 책은 인간의 지적 활동에 막대한 영향을 미쳤다. 이 책이 출간되기 전 대부분의 사람들은 과학적 진보가 철저히 직선적이라고 여겼다. 연구자들은 현재의 지식이 과거로부터 축적되어 증가한 것이라고 생각했고, 기발한 생각은 다소 멸시하듯 '추측에 근거한 것'으로 치부하기 일쑤였다. 토머스 쿤에 따르면, 과학적 연구는 그가 '패러다임'이라 일컫는 것 안에서 발생한다. 패러다임은 포괄적인 분석 체계로서 연구의 본질과 방향을 결정한다. 우세한 패러다임이 세워지면, 정해진 규칙에 따라 사실을 하나씩 수집하여 연구를 진행할 수 있다. 그러나 모든 패러다임에는 변칙, 즉 확립된 체계에 잘 들어맞지 않는 현상이 생기곤 한다. 이런 변칙이 지나치게 두드러져 무시할 수 없는 수준이 될 때 과학 혁명, 다시 말해 '패러다임의 전환'이 일어날 수 있다. 예컨대 태양 중심의 우주, 뉴턴의 물리학, 진화론, 양자 역학, 상대성 이론으로의 전환 등이 여기에 속한다. 각각의 패러다임은 서로 비교할 수 없을 만큼 본질적으로 다르기 때문에 하나의 패러다임에서 다른 패러다임으로의 전환은 실증적 증거만으로는 결정될 수 없고 관점의 극적인 변화가 필요했다.[1]

이러한 개념은 자료 수집가 이상으로 기억되길 바라는 야심 찬 과학자들에게 기회가 되었다. 가장 저명한 사상가는 코페르니쿠스(Nicolaus Copernicus, 1473~1543)나 다윈처럼 단순히 지식을 늘리는 일을 넘어 새로운 패러다임을 개시한 인물들이었다. 사람들은 보통 교회와 국가에 맞서 용감하게 저항했던 (교과서에 묘사된 것처럼) 혁명적인 과거의 과학자들과, 철저하게 대학 제도에 편입한 현대의 과학자들을 상반된 시각으로 바라보았다.

르네상스 시대부터 근대 초기까지 과학적 혁신을 이룬 대표적인 과학자들은 자신이 발견한 것을 과학 혁명이라고 선언하지 않았다. 그에 반해 로버트 바커, 닐스 엘드리지(Niles Eldredge, 1943~), 스티븐 J. 굴드는 과학적 사고의 혁명, 즉 패러다임의 전환을 매우 의식적으로 만들기 시작했다. 그동안 고생물학은 많은 연구자들에게 '우표 수집'을 미화한 것과 다를 바 없는 정체된 학문처럼 보였지만, 이제 많은 이들이 중대한 변화의 시기가 도래했음을 느끼기 시작했다. 100년이 넘는 기간 동안 고생물학자들의 에너지는 대부분 오래된 뼈를 찾고 확인하고 조립하는 과정에 쓰였고, 이론적인 문제에는 훨씬 적은 에너지가 소비되었다. 다른 분야에서는 과학자와 기업 및 정부의 관계가 긴밀해지면 비리 문제가 불거질까봐 이를 보통 숨기려고 했지만, 고생물학 분야에서는 이런 관계가 공개적으로 드러났다. 대중에게 선보인 공룡의 모습은 겉만 번지르르하고 지나치게 상업적이어서 신뢰가 가지 않았고, 이제 막 경직되고 억압적으로 변하기 시작한 사회 질서에도 부합하지 않았다.

공룡의 우월성

공룡 르네상스가 시작된 것은 1960년대로, 이때 존 오스트롬이 몬태나주에서 데이노니쿠스의 화석화된 발톱을 발견하고 연구하기 시작했다. 오스트롬은 데이노니쿠스가 직립 보행을 하고 활동성이 뛰어났다는 이론을 세웠고, 이를 근거로 공룡이 새의 조상이라는 토머스 헨리 헉슬리(Thomas Henry Huxley, 1825~1895)의 이론을 부활시켰다. 오스트롬의 제자였던 로버트 바커는 여기에서 한 발 더 나아가, 1968년에 「공룡의 우월성(The Superiority of Dinosaurs)」이라는 논문을 발표하고 공룡은 대체적으로 온혈 동물이었다고 주장했다.[2] 이후 바커는 저서 『공룡 이설(The Dinosaur Heresies)』(1986)에서 자신의 주장을 훨씬 더 상세하게 뒷받침했다. 이 책에서 바커는 일반적인 학문 형식에 구애 받지 않고 이해하기 쉬운 구어체를 사용해 동료 학자

얀 소바크(Jan Sovak, 1953~), 「데이노니쿠스(*Deinonychus*)」, 2006년경. 이 포식성 공룡은 먹이를 잡을 때 완력을 사용하지 않고 빠른 속도로 무리 지어 다니며 사냥하는 특성 때문에 20세기 말에 대중의 관심을 끌었다. 발에 달린 무시무시한 낫 모양의 발톱이 눈에 띈다.

들을 의식하지 않고 대중에 직접 다가갔다.

    진화의 과정에서 공룡은 포유류와 거의 같은 시기에 나타났거나 약간 늦게 등장했다. 바커는 공룡이 훨씬 크고 다양하다는 사실을 근거로 이 거대한 동물이 경쟁상대인 포유류를 능가할 수 있었다는 점에 주목했다. 이를 설명할 수 있는 유일한 가설은 공룡이 온혈 동물이었기 때문에 높은 수준의 활동성을 유지할 수 있었다는 것이었다. 그러면서 가장 초기의 포유류는 아직 냉혈성을 띠고 있어서 비교적 행동이 느렸기 때문에 공룡보다 뒤떨어진 것이라고 로버트 바커는 주장했다.[3]

    아프리카계 미국인들이 평등을 위한 투쟁을 벌이자 이에 자극 받은 다른 민족들도 유사한 대의명분을 찾기 시작했다. 이런 흐름에 발맞추어 바커는 공룡이 편견의 희생양이라고 주장하며 공룡의 편에 섰다. 누가 봐도 공룡은 온혈 동물이었지만 많은 사람들이 '포유류 우월주의자'였기 때문에 그 사실을 알아차리지 못했다

S. G. 굿리치의 저서 『존슨 동물 왕국 자연사』(1874년판) 중 파충류에 관한 장의 표제. 좌우 하단의 커다란 동물은 상상 속에나 나올 법한 공룡처럼 보인다. 대개 공룡을 비롯한 파충류는 특히 열대림과 같이 어둡고 습하고 위험한 장소와 관련지어졌다.

는 것이었다. 바커는 공룡의 위상을 높이려고 애썼지만, 그러기 위해서는 아이러니하게도 공룡이 오늘날의 포유류와 비슷하다는 것을 증명해야만 했다. 그의 저서에 암묵적으로 깔려 있는 주된 전제는 진화 계통이 원시 단계부터 고등 단계로의 정해진 발달 과정을 거친다는 것이었다. 포유류 중에서도 특히 인간은 현재 가장 상위에 놓여 있지만, 공룡들은 한때 포유류보다 앞서 있었다.

공룡이 느리고 둔한 동물이라는 고정 관념이 이전부터 형성되었고 따라서 논리적인 반박이 필요하다는 바커의 주장은 사실 전부 맞는 말은 아니다. 이러한 고정 관념과 관련하여 자주 언급되는 인물이 1883년에 브론토사우루스(혹은 '아파토사우루스')를 '아둔하고 행동이 느린 파충류'라고 칭한 오스니얼 찰스 마시였다.[4] 마시는 또한 공룡이 늪에 살았고 육중한 몸을 들어올리기 위해 물을 이용해야 했다는 주장을 한 장본인이기도 한데, 이 주장은 특히 바커의 맹렬한 비난을 받은 바 있다. 공룡은 멸종된 동물이었기 때문에 때로는 시대착오적인 생각이나 실패와 연관 지어지기도 했다. 카네기 같은 기업가들이 초기에 공룡을 대기업의 상징으로 이용하면서 대공황 이후에는 공룡에 대한 대중의 인식이 나빠지기도 했다. 그러나 로버트 바커의 주장과는 다르게, 마시의 견해는 간혹 호응을 얻긴 했지만 '정설'로 받아들여진 적은 한 번도 없었다. 그 밖에도 토머스 헨리 헉슬리와 에드워드 드링커 코프 같은 저명한 과학자들도 다양한 관점을 제시했다. 바커는 자신의 분류 방식을 과거에 적용해서 오언과 헉슬리를 비롯해 자신과 의견을 같이하는 이들은 혁명가로, 그렇지 않은 이들은 '기득권층'으로 여겼다. 사실 게르하르트 헤일만(Gerhard Heilmann, 1859~1946)만큼 '기득권층'과 거리가 먼 사람은 없을 것이다. 헤일만은 20세기 초에 새의 조상은 공룡이 아니라고 고생물학자들을 설득했다. 정식으로 과학 교육을 받은 적 없는 예술가였던 헤일만은 해부학적 관찰을 통해 자신의 이론을 정립했고, 그 후 전문가들의 도움 없이 혼자 연구하여 이론을 전개해 나아갔다.[5]

공룡이 둔하게 묘사된 데에는 전시를 위해 공룡의 뼈대를 설치해야 하는 현실적인 어려움 탓에 표현에 제약이 따랐다는 점도 어느 정도 작용했다. 1915년에 미국 자연사 박물관에서 최초로 티라노사우루스 렉스의 뼈가 설치되었을 때 연구자들은 공룡의 왕인 티라노사우루스가 꼬리로 몸을 지탱하며 다리를 구부린 채 먹잇감에 몰래 접근하지는 않았다는 사실을 뻔히 알고 있었다. 그럼에도 그런 자

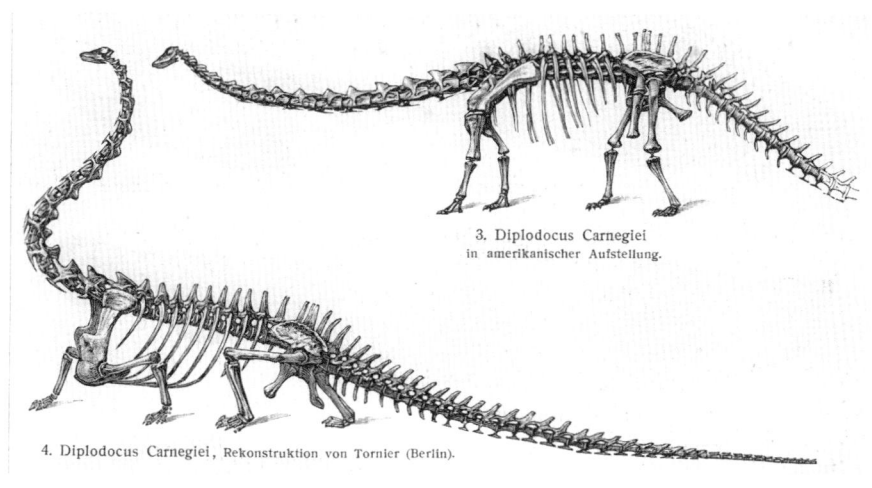

『마이어의 큰 회화 사전(*Meyers Grosses Komversations-Lexicon*)』(라이프치히, 1902)에 실린 삽화로 두 가지 방식으로 복원된 디플로도쿠스를 보여준다. 위쪽의 공룡은 포유류처럼 몸통 바로 아래에 다리가 있는 반면, 아래쪽 공룡의 다리는 도마뱀처럼 양 옆으로 벌어져 있다. 학계에서는 공룡이 체중을 견디려면 포유류와 같은 모습이어야만 했을 것이라는 데 곧 의견을 모았다.

세로 설치한 것은 공룡의 키를 높여 전시물을 더욱 웅장하게 보이도록 하기 위한 의도도 일부 있었겠지만, 뼈들이 너무 무거워서 그 방법 외에는 달리 지탱할 도리가 없었던 이유가 가장 컸다.[6] 그 후에 많은 삽화가들이 이 자세를 따라 그렸고 결국 티라노사우루스의 모습은 엉뚱해지고 말았다.

어쩌면 로버트 바커의 가장 큰 실수는 공룡의 대중적 이미지 형성에 있어서 상업과 대중문화가 끼친 막대한 영향은 무시한 채 오로지 고생물학자들만의 책임으로 몰아갔던 것일지도 모른다. 공룡이 굼뜨고 정적인 이미지를 갖게 된 것은 미디어가 공룡을 틀에 박힌 모습으로 묘사해 온 탓이다. 특히 싱클레어 오일 로고에 등장한 브론토사우루스 같은 공룡들의 이미지는 마치 문장(紋章) 속에 등장하는 동물과 비슷했는데, 조금이라도 균형을 잃거나 주변이 어수선해지면 무너져버릴 듯한 모습이었다. 더 넓은 관점에서 볼 때 이런 이미지가 형성된 배경에는 20세기의 트라우마, 그중에서도 제1차 세계대전, 대공황, 제2차 세계대전, 냉전이 있었다. 사람들은 피가 낭자한 전쟁터나 종말론적 멸종만을 계속 주시하고 있을 수는 없었다. 갑작스레 모두가 죽어 사라질 수 있는 가능성이 급박하고도 지속적으로 존재하는 상황에서 공룡의 멸종을 상상하는 것만으로도 많은 사람들이 두려움을 느꼈을지 모른다. 냉전의 종식이 다가오고 핵 테러가 어느 정도, 어쩌면 일시적으로라도 사라지고 난 뒤에야 사람들은 먼 조상인 공룡이 살았던 가혹한 상황을 마주할 준비가 되었다.

역동과 우세

로버트 바커의 글 전반에 나타나는 어조는 1960년대와 1970년대의 반체제적 성격을 띠었는데, 그의 저서가 발간된 1986년에는 이런 어조가 시대착오적인 것이 되고 있었다. 대중이 새로움과 젊은 에너지에 푹 빠져있던 시대에는 바커의 논쟁 방식이 주로 사람들의 향수를 자극하는 식이긴 했지만 제법 효과를 발휘했다. 그리고 오랫동안 공룡에 매료되었던 사람들의 관심을 환기시키는 데 일조했다. 화려한 잡지와 텔레비전 특별 방송에서 공룡에 대한 새로운 기사가 쏟아져 나왔다. 그러나 바커는 과학계의 지론을 바꾸겠다는 당장의 목표를 이루는 데에는 실패했다. 그가 틀려서가 아니라 논쟁의 주요 내용이 바뀌었기 때문이었다.

체열을 스스로 발생시키는 동물은 '온혈 동물', 외부로부터 열을 얻는 동물은 '냉혈 동물'이라 한다. 바커는 온혈성과 냉혈성이 완전히 구별되는 생물학적 구조이며, 공룡은 반드시 둘 중 하나에 해당된다고 생각했다. 이런 생각은 포유류와 조류가 온혈 동물이고 파충류, 양서류, 어류, 곤충류를 비롯한 그 외 모든 동물이 냉혈 동물이라는 일반적인 견해와도 일맥상통했다. 이후 연구자들은 이 두 가지 특징이 하나의 연속선상에 존재한다는 것을 알아냈다. 바늘두더지, 참치, 나무늘보, 장수거북과 같이 온혈성과 냉혈성의 중간쯤에 해당하는 동물들은 이제 '중온 동물'이라 불린다. 또한 체온 조절은 계절에 따라서는 물론 동물이 처한 생의 단계에 따라서도 달라질 수 있다. 곰과 설치류 같이 동면하는 동물들은 겨울에 활동하지 않고 체온을 낮춘다. 더욱이 많은 동물들이 '체내'나 '체외'라고 쉽게 특징지을 수 없는 방식으로 체열을 발생시킨다. 이구아나를 비롯한 많은 도마뱀은 몸의 색깔을 바꾸어 열을 보다 잘 흡수하고 유지하고 발산한다. 벌은 몸을 떨어서 열을 내고, 많은 물고기들이 몸을 얼지 않게 하는 화학물질을 만들어 낸다. 공룡 중에서도 특히 조류로 진화하지 않은 공룡들은 모두 같은 방식으로 열을 발생시키지는 않았고, 동시대 동물들과는 다른 생리학적 기제를 가지고 있었을 수도 있다.[7]

바커는 과거에 공룡이 현재의 인간처럼 우세했다고 생각했지만, '우세'는 '우월성'과 마찬가지로 경험만을 근거로 쉽게 정의 내릴 수 있는 특징이 아니다. 바커를 비롯한 사람들이 공룡과 인간 모두를 '우세하다'라고 말할 때, 공룡과 인간 각각에 적용하는 우세의 기준은 완전히 다르다. 바커를 포함한 많은 사람들은 공룡이 살던 시대에 공룡의 크기와 생물학적 다양성을 기준으로 공룡이 우세하다고 여겼는데, 이런 기준에서라면 인간은 결코 높은 점수를 얻지 못할 것이다. 인간은 적당히 크고 단 하나의 종으로만 나타나기 때문이다. 더욱이 우리는 이런 우세의 기준을 다른 종에 일관되게 적용하지 않는다. 지구상에는 대략 37만 5천 종의 딱정벌레가 있는데 이는 포유류보다 엄청나게 많은 수이다. 육상 동물 중에 가장 몸집이 큰 동물은 코끼리이고 그 다음으로 하마와 코뿔소가 있다. 그럼에도 우리는 딱정벌레나 코끼리가 '우세하다'고 생각하지 않는다.

요약하자면, 우세의 개념은 속수무책으로 모호할 뿐만 아니라 일관성에 대한 고민조차 없이 적용되는 경우가 많다. 공룡이 초기 포유류를 앞지를 수 있었다는 바커의 말은 마치 공룡과 포유류가 앞다투어 몸집을 키우고 종을 다양하게 만들려고 애썼다는 뜻으로 오해될 수 있다. 인간에게는 초기 포유류보다 공룡이 더 멋지게 느껴지겠지만, 둘 다 오랜 기간 동안 가까스로 살아남았던 동물이다. 오늘날 쥐가 성공적으로 번식하고 있는 것만큼이나 초기 포유류도 비록 제한적이었겠지만 자기에게 적합한 환경에서 잘 살았을 것이다.

바커는 씨족, 통치자, 점령지 같은 은유적인 표현에 더해 제국의 팽창과 자본주의 경쟁이라는 거창한 말들까지 섞어가며 쉴 새 없이 공룡의 지배력을 설명한다.[8] 그가 말하는 공룡과 포유류는 마치 냉전 중에 세계 패권을 거머쥐려 경쟁하는 소련과 미국처럼 보이기도 한다. 공산주의가 붕괴된 후에는 이 둘이 마이크로소프트나 애플 같은 세계적인 기업을 상징하기도 했다. 그러나 처음부터 바커가 의도한 것인지는 알 수 없지만, 그가 동료 과학자들에게 미친 영향은 공룡 팬들에게 미친 영향보다 적었다. 『공룡 이설』이 고생물학자들에게 직접적으로 미친 영향은 미미했지만, 많은 고생물 예술가와 공상 과학 팬과 공룡 용품 수집가 들에게는 영감을 주었다. 바커는 공룡과 인간 사이에 유사점을 만듦으로써, 예술가와 공상 과학 소설가 들이 선사 시대에 살던 거대한 동물의 이야기를 인간의 이야기와 닮은 장대한 서사시로 쉽게 탈바꿈하도록 도와주었다.

6천 5백만 년 전 혹은 그보다 더 오래전에 살았던 한 무리의 생명체가 온혈 동물인지 아닌지에 대해 바커가 그토록 열렬한 관심을 보였던 이유는 무엇일까? 그보다 더 중요하게도 바커가 대중에게도 그런 관심을 기대했던 이유는 무엇일까? 바커는 마치 공룡이 아직 살아있기라도 하듯 공룡의 명예를 지키는 데 전념했다. 공룡에게 동일시의 감정을 느끼는 사람이 많은데, 이런 감정을 특히 과학의 언어로 설명하는 것은 불가능에 가깝다. 로버트 바커는 자신이 느낀 공룡과 인간 사이의 정신적 친밀감을 잘못된 방식으로 받아들여 둘 다 온혈성 동물이라고 이해한 것 같다.

단속평형설

고생물학에서 패러다임의 전환을 이루려는 노력이 훨씬 더 선명하고 철학적으로 정교해진 것은, 바커의 첫 번째 논문이 발표되고 몇 년이 지난 1972년에 닐스 엘드리지와 스티븐 J. 굴드가 발표한 논문 「단속평형설: 계통 점진진화론의 대안(*Punctuated Equilibria: An Alternative to Phyletic Gradualism*)」에서였다. 하나의 종에서 다른 종으로의 진화가 급속도로 이루어진다는 '도약진화론'은 진화론의 중요한 학설 중 하나로 20세기 초반에 대두되었으나, 20세기 중반에 이르러 다윈주의자들의 점진진화론에 밀려나게 되었다. 엘드리지와 굴드는 도약진화론을 부활시켰는데, 새로 발생한 종의 대부분은 생식적으로 고립된 개체 사이에서 비교적 빠른 속도로 진화한다고 주장했다. 이들은 종이 오랜 기간 변함없이 유지되다가 갑작스럽게 변화하는 양상을 일컬어 '단속평형'이라고 했다. 이것은 토머스 쿤이 말했던 패러다임의 전환과 유사하다.

　엘드리지와 굴드의 논문이 대단히 새로운 정보를 소개한 것도 아니었고 이전에 알려지지 않은 진화의 메커니즘을 발견한 것도 아니었다. 그러나 이들이 제시한 주장은 생물학적 의미만큼이나 철학적이고 역사적인 의미도 지녔다. 지리적 고립이 새로운 종의 생성을 촉진한다는 주장은 다윈과 월리스(Alfred Russel Wallace, 1823~1913) 때부터 이미 알려진 사실이었지만, 엘드리지와 굴드는 급속도의 진화가 예외라기보다는 법칙이라고 말했다. 이들은 다윈의 이론에서 심각한 문제로 지적되어 온 화석 기록상의 명백한 공백이 이 주장으로 설명된다고 말했다. 변화가 매우 점진적으로 이루어질 것이라 생각하는 사람들은 화석 기록에 과도기적 형태가 없는 것을 보고 어리둥절할 테지만, 급속도의 진화를 예상한 사람들은 그렇지 않다. 엘드리지와 굴드는 연구자들이 진화를 느린 과정으로 여기는 전통적인 사고방식에 길들여져 있지 않다면 자신들의 이론이 명확해질 것이라고 주장했다. '과학은 꾸준한 정보의 누적보다는 새로운 세계관이나 상황의 채택에 의해 진보하기'[9] 때문에 이들은 연구의 주요 내용을 변경할 필요가 있었다. 바커, 엘드리지, 굴드의 이론은 갑작스러운 변화를 요구하는 것인 동시에 학계와 미국 사회 전반에 만연한 경직성에 간접적으로 대항하는 항의의 시작점이 되었다.

이 논문에 대한 논의가 수십 년 간 이어졌지만, 공룡이 온혈 동물이라는 바커의 이론과 마찬가지로 이들의 주장은 논쟁이 심화되면서 힘을 잃었다. 우선 이 이론은 더 구체화하지 않으면 입증할 수도 없었고 명확하게 반박할 수도 없었지만, 구체화시키려면 이 이론이 지닌 많은 의미와 거의 모든 혁명적인 영향력을 포기해야 했다. 엘드리지와 굴드가 자신들의 이론을 패러다임의 전환이라 주장한 것은 많은 사소한 반대를 피해 가기 위한 하나의 방편이었다. 고생물학이 방대한 세부적인 내용에 휘둘려 큰 골자가 번번이 방향을 잃게 되는 학문임을 간파하고 있었기 때문이다. 논의가 진행되면서 예외적인 경우를 설명하기 위해 이들은 끊임없이 설명하고 단서를 달고 수정하는 과정을 거쳐야 했고 그 결과 이론은 본래의 강력한 영향력을 상실하고 결국엔 상당 부분 타당성을 잃고 말았다.[10] 한 가지 예를 들면, 유전자 변형은 반드시 생물의 종에 즉각 발현되는 것이 아니며 그렇다고 반드시 화석 자료에 드러나는 것도 아니다. 따라서 오랜 기간 안정적으로 보이는 것도 상당한 변화를 일으킬 수 있다. 갑작스럽게 나타난 듯 보이는 변화도 그 동안 보이지 않은 일시적인 변이들이 쌓여 정점에 다다른 것일 수도 있다. 지리적 고립은 종이 형성되는 원인이라기보다 결과일지도 모른다. 조금 앞서 등장했던 바커와 마찬가지로, 엘드리지와 굴드의 이론은 틀렸다기보다 지나치게 단순화되었던 것이다.

굴드와 엘드리지는 사람들이 가장 관심을 갖는 화석 기록 상의 공백이 인류의 조상과 인류 사이의 공백이라는 것을 알고 있었다. 100여 년간 치열한 탐색으로 과도적 형태가 일부 발견되긴 했지만, 이것으로 인간이 동물 군집과 완전히 다르다고 말할 수 있을 정도는 아니었다. 천지창조론자들에게 이 공백은 인간이 진화의 결과물이라는 주장을 부인하는 데 사용되고, 그 외 대부분의 사람들에게는 인간에게 특별한 지위를 부여하는 역할을 하는 듯하다. 그러나 단속평형설에 따르면 진화에서 갑작스러운 변화는 그야말로 자연스러운 일이며, 오히려 우리를 자연계와 연결시켜 주었다는 것이다.

그러나 '종'에 대한 합리적으로 명확한 개념 없이 '종 형성'에 대해 말하는 것은 아무 의미가 없다. '속(屬)'이나 '종'과 같은 계층적 범주의 정의는 현재의 동물에 적용하기에 그다지 정확하지 않으며 시대착오적이라고 생각하는 생물학자들도 있다. 18세기 초에 린네가 처음으로 계층적 범주를 사용했을 때 그는 이것이 신이 명한 자연적 분류를 뜻한다고 생각했다. 오늘날 '종'은 반드시 그런 것은 아니지만 대개 끼리끼리만 새끼를 낳는 동물의 무리를 일컫는다. 그러나 종을 구분하는 일은 상당히 주관적인 문제로 남는다. 개는 생김새, 크기, 색깔에서 매우 다양한 모습을 보이지만, 모두 자유롭게 상호 교배하므로 카니스 파밀리아리스(*Canis familiaris*)라는 하나의 종으로 묶인다. 그러나 수백만 년 전에 살았던 생명체에게도 이런 분류법이 적용되는지 확인할 방법은 없다. 먼 미래의 고생물학자가 현재의 개 뼈를 발굴한다면 아주 작은 몸집에 다리가 짧은 페키니즈와 몸집이 큰 아일랜드 울프 하운드를 완전히 다른 종류의 동물이라고 생각할 것이다. 마찬가지로 디플로도쿠스와 바로사우루스의 상호 교배 여부를 확인할 수 있는 사람은 아무도 없다.

엘드리지는 결국 다른 분야로 관심을 옮겼지만, 굴드는 잡지 「자연사(*Natural History*)」에 에세이 연작을 기고해 큰 인기를 얻으며 단속평형설의 개념에 관해 왕성한 집필 활동을 이어 갔다. 바커가 성난 젊은이였다면 굴드는 상냥한 원로 정치인 같았지만, 두 과학자 모두 지극히 개인적인 논조를 유지했다. 초기 연구자들의 눈에는 이런 논조가 과학적 객관성과 상반되는 것으로 비춰졌을 것이다. 굴드는 아리스토텔레스와 마찬가지로 과학을 이끄는 것이 경이감이라고 생각했으며, 실제로 그의 에세이가 지닌 흡인력은 주로 이런 전염성 강한 열정에서 나온다. 굴드가 글을 써내려 갈 때의 열정은 마치 명확한 논지를 제시할 때나 공룡 뼈를 발견할 때, 또는 고딕풍 성당의 아치를 만들 때나 야구 선수가 배트를 휘두를 때 분출되는 열정과도 같았다. 18세기와 19세기에 윌리엄 페일리 같은 자연 신학 추종자들도 이와 비슷한 열정을 가지고 자연과 사회를 탐구했지만, 이들과 달리 굴드는 이 경이감이 신의 계획을 암시한다고 생각하지 않았다. 그는 빅토리아 시대의 낙관주의적 논조를 택했지만 그 본질은 취하지 않았다.

적어도 굴드에게는 단속평형설이 수평유지장치의 역할을 했는데, 다시 말해 우리가 세상을 이해하는 데 방해가 되는 인간의 허세에 '구멍'을 내고 바람을 빼는 수단이었다. 이것을 공룡에 적용해서 말하자면, 공룡이 우리와 동시대에 살진 않았을지라도 우리와 공룡 사이에 존재론적 장벽은 없었다는 것을 의미했다. 그 차이를 아주 간단한 공식으로 압축하면, 바커의 입장에서 '공룡은 우리다'라고 말할 수 있을지도 모른다. 굴드의 입장에서는 이것을 뒤집어 '우리는 공룡이다'라고 말할 수 있을 것이다. 바커는 공룡의 세계가 우리의 세계와 본질적으로 유사하다고 보았고, 인간 예외주의를 공룡에까지 확대했을지도 모른다. 이와 달리 굴드에게 인간과 공룡은 모든 생명체가 등장하는 대하 드라마에서 그저 몇 회분에 지나지 않는 것이었다.

패러다임의 전환이라는 개념은 쿤의 저명한 저서가 발간된 후 반 세기가 지난 지금까지도 격렬한 논의를 불러일으키고 있다. 개인적인 생각을 밝히자면, 이 개념에서 가장 크게 비판 받는 부분은 각각의 패러다임을 지나치게 뚜렷이 구분지어 서로 비교조차 할 수 없는 대상처럼 만들었다는 것이다. 마틴 루드윅이 말했듯이 '심지어 급작스럽고 극적이며 "혁명적"이라고까지 일컬어지던 의견의 변화도 사학자들이 면밀히 검토해 보면 그 기저에는 승자임을 자처하는 사람들이 동시대인들로 하여금 믿기를 바랐던 것보다 훨씬 더 견고하게 변화가 꾸준히 이어지고 있었다는 사실이 드러난다.'[11]

과학은 사실상 절대 단 하나의 지배적인 패러다임 안에서만 이행되지는 않는다. 지동설과 천동설, 그리고 그 둘을 결합한 튀코 브라헤(Tycho Brahe, 1546~1601)의 체계는 수 세기 동안 계속해서 같이 쓰여 왔다. 진화론자, 라마르크 추종자, 천지창조론자 모두 적어도 반세기 동안 생물학적 연구를 하는 데 함께 힘을 모았고 오늘날에도 여전히 협력한다. 20세기 중반 무렵에 많은 심리학자들은 특정 문제를 다룰 때 프로이트 학파, 융 학파, 아들러 학파, 게슈탈트 학파, 행동주의 학파 등의 패러다임 중에서 자유롭게 선택하여 가장 효과적인 방법을 찾았다. 오늘날 많은 물리학자들은 양자 역학과 상대성 이론이 근본적으로 양립할 수 없다고 여기지만, 두 이론을 같이 적용하는 데에는 주저하지 않는다. 사람들이 전통적으로 '기초'라고 생각해 온 것이 어쩌면 한 과학 분야를 구성하는 관측, 자료, 개념, 가치, 방법 등이 서로 연결된 기반 안에서 대체 가능한 하나의 요소일 수도 있다. 대부분의 과학자는 하나의 지배적인 패러다임을 토대로 연구한다기보다 적어도 서너 개의 패러다임을 혼용할 것이다.

바커, 엘드리지, 굴드 모두 논의가 진행되는 과정에서 자신의 패러다임이 해체되고 의미를 잃어가는 것을 목격했다. 이러한 이유로 그들의 패러다임은 제대로 받아들여지지도 못했고 거부되지도 못했다. 그러나 공룡 연구에 관한 이런 논쟁이 끝난 뒤에 고생물학 분야에서는 여러 새로운 발견들이 급격하게 증가했다. 그 배경에는 바커, 엘드리지, 굴드가 소멸 직전인 고생물학 분야의 기득권 세력을 대대적으로 개혁한 것이 기폭제로 작용했을 수도 있다. 그 외에도 이런 급증의 원인 중 논쟁의 여지가 적은 것을 들자면, 방대한 화석 자료의 이용 가능성, 컴퓨터 시뮬레이션의 사용, 고성능 현미경의 개발, 중국, 러시아, 인도, 아르헨티나, 호주와 같이 이전에는 등한시되었던 지역의 공룡 유적에 대한 새로운 관심 집중 등을 꼽을 수 있다. 이런 양상은 고생물학에만 국한되지 않는다. 이제는 사실상 거의 모든 분야의 지식이 기하급수적으로 증가하는 까닭이다.

오늘날의 공룡 연구

이론가들은 끊임없이 쏟아지는 새로운 정보를 따라가기 위해 무척이나 애를 먹는다. 이론뿐만 아니라 이론을 전달하는 데 사용되는 용어조차 늘 뒤처질 위험에 놓이게 된다. 다른 모든 학계와 마찬가지로 공룡 연구는 이제 전문 분야, 접근법,

지역에 따라 분류되어 있어서 최신의 지식을 전체적으로 파악하기 어려운 지경까지 왔다. '정설'이 될 수 있는 간결하면서도 함축적인 이론을 만드는 일은 훨씬 어렵다. '공룡은…'으로 시작하는 문장을 간단하고 유의미하고 흥미로우면서도 논란을 일으키지 않는 방식으로 완성하기란 쉽지 않다.

오늘날에는 공룡에 관한 중요한 발견이 해마다 새롭게 등장한다. 조류가 아닌 공룡의 85퍼센트 정도가 1990년대 이후에 명명되었다.[12] 1990년대 중반부터 특히 중국 북동지역에서 깃털 흔적이 남아 있는 공룡 화석이 다수 발견되었다. 이것은 금세 대중적인 공룡 그림의 단골 메뉴가 되었는데, 공룡을 거의 극락조처럼 보이게 그리는 경우도 있었다.

늘 그런 것은 아니지만 대략 150년 동안 공룡은 대개 혼자 있는 모습으로 묘사되었다. 그렇다고 이런 모습이 어떤 특정 이론을 반영하는 것은 아니지만, 이를 설명할 몇 가지 그럴듯한 이유가 있다. 공룡은 그다지 사회적이지 않은 동물인 도마뱀을 부분적으로 본떠 만들어졌다. 또한 이런 묘사에는 신과의 약속을 통해 인간 사회가 만들어지기 이전에 '자연 상태'의 인간에 대한 초기 개념이 반영되었을 수도 있다. 마지막으로, 홀로 말을 타고 마을로 들어가는 카우보이가 남자다움의 전형이었던 시대의 개인주의가 반영된 것일 수도 있다. 그러나 1979년에 고생물학자들은 몬태나주에서 하드로사우루스(오리주둥이 공룡)과인 마이아사우라의 서식지를 발견했다. 서식지는 여러 겹으로 이루어져 있었는데, 이는 공룡이 무리를 지어 다니며 수 세대에 걸쳐 동일한 장소에 자리를 잡았다는 것을 시사했다. 또한 공룡이 복잡한 형태의 사회 조직을 만드는 능력이 있음을 보여주는 것이었는데 과학계와 대중문화에서는 재빨리 이 점을 화두로 삼았다.

공룡의 대중적 이미지가 처음으로 만들어진 곳은 빅토리아 시대의 크리스털 팰리스 파크였다. 이곳에서는 여러 이국적 생명체들을 어색하게 조합하여 만든 형상들이 공룡의 기이함을 강조했다. 이런 공룡의 이미지가 바뀐 것은 공룡을 표현하는 방식이 확립되기 시작한 20세기 초반이었다. 처음에는 찰스 R. 나이트의 벽화를 비롯한 여러 자연사 박물관에 전시된 공룡 벽화로 인해 변화가 생겼고, 그 뒤를 이어 싱클레어 디노랜드가 변화를 몰고 왔다. 그 후 공룡의 거대한 크기가 강조되기 시작했다. 크리스털 팰리스 파크의 공룡들은 영국과 대영 제국을 상징했지만, 새로 등장한 공룡들은 작은 회사들을 끊임없이 '먹어 치우고' 때로는 서로 싸우는 거대 기업을 나타냈다. 21세기가 다가오면서 공룡의 이미지는 다시 바뀌었는데, 이번에는 영화 「쥬라기 공원」이 큰 영감이 되었다. 거대한 공장들이 디지털 기술에 자리를 내어 주었듯이, 전형적인 공룡의 이미지는 더 이상 티라노사우루스 렉스와 같은 거대한 동물이 아닌 무리 지어 사냥하는 데이노니쿠스와 벨로키랍토르처럼 몸집이 작고 새처럼 생긴 육식 동물이었다. 이런 현상이 이례적인 일은 아니었는데, 20세기 초반에 가장 인기를 끌었던 공룡 중 하나는 데이노니

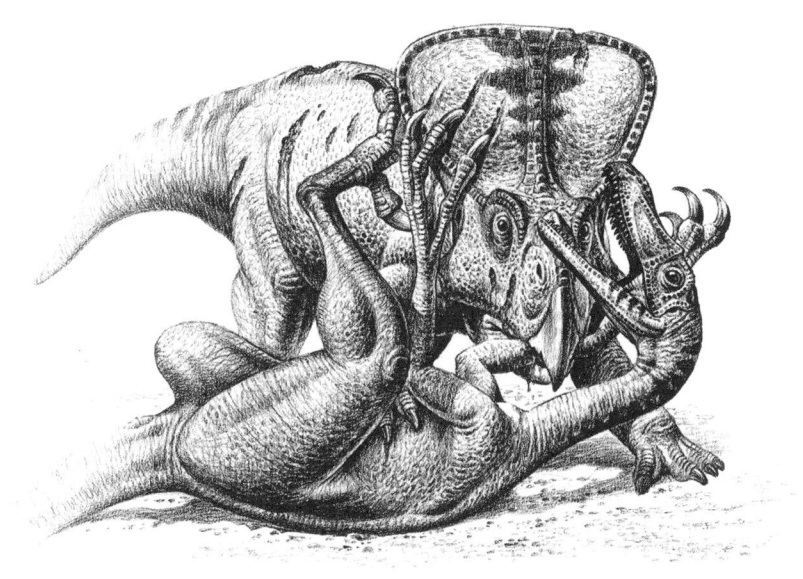

라울 마틴(Raul Martin), 벨로키랍토르와 싸우는 프로토케라톱스(2003). 가장 유명한 화석 중 하나인 1971년 몽골에서 발견된 화석에서 벨로키랍토르가 발톱으로 프로토케라톱스를 움켜잡고, 프로토케라톱스는 벨로키랍토르의 다리를 입으로 물고 있다. 어느 하나가 승리를 거두기도 전에 모래 언덕이 무너지면서 두 공룡은 묻혀 버렸다. 이 그림은 그때의 상황을 재현한 것이다.

5. 공룡 르네상스

에드워드 드링커 코프, 「라이라프스(*Laelaps*)」, 『미국의 박물학자(*American Naturalist*)』 3권 (1869). 이미 19세기 후반에 라이라프스 같은 난폭한 포식 공룡도 때로는 애정 어린 시선으로 묘사되었다. 맨 오른쪽에 있는 동물은 앨라스모사우루스이며, 이 그림에는 코프의 젊은이다운 실수가 드러나 있는데 머리가 꼬리 끝에 이어진 것처럼 표현했다.

쿠스를 닮은 비교적 작은 수각류인 라이라프스였다.

이렇게 날렵한 수각류는 처음에는 비교적 소규모로 시작했지만 민첩하고 시류에 잘 적응하는 기업을 나타냈는데, 그중에는 AT&T와 IBM 같은 거대 기업을 능가하기 시작한 마이크로소프트와 애플이 있었다. 그러나 이제는 애플과 마이크로소프트가 그런 거대 기업이 되었고, 티라노사우루스 렉스도 아직까지 대세이다. 구글 엔그램 뷰어에 따르면, 엔그램상에서 수치를 확인할 수 있는 가장 최근 연도인 2000년에 티라노사우루스가 데이노니쿠스보다 여전히 다섯 배 이상 책에서 자주 언급되고 있다. 독특하면서도 광포한 공룡의 매력은 주로 거대한 몸집과 고대 생명체라는 점이 어우러져 비롯된 것이고 이 사실은 다른 연구나 홍보가 이루어진다고 해도 바뀔 가능성이 적다. 영화 「쥬라기 공원」에서도 공룡의 왕 티라노사우루스는 가장 중요한 순간에 등장한다.

나는 거의 한 달에 한 번 꼴로 공룡의 조상일 수도 있는 것이 발견되었다거나, 공룡 가계도를 다시 그려야 한다는 글을 접한다. 그러나 이런 글에 나타난 주장이 패러다임의 전환을 이끌 것이라고 말하는 사람은 아무도 없고, 이 주장들이 기성 과학계에 일으키는 혼란이라고는 교과서를 다시 쓰는 불편함 정도를 제외하고는 매우 미미하다. 과학자들은 빠른 변화를 보다 잘 수용하고 대안을 더 잘 받아들이는 법을 배워 왔다. 그들은 과학적 지식이 임시적인 것일 뿐이며, 경험적 관찰부터 이론의 추상적 개념에 이르는 모든 단계에서 끊임없이 수정이 일어날 수 있다는 사실을 누구보다 분명히 알고 있다. 제2차 세계대전 직후 수십 년 동안 지나치게 엄격한 사회 체제로 인해 우리는 억압받는다고 느꼈지만, 오늘날 우리가 그보다 더 두려워하는 것은 혼란이다. 사상가들이 공룡 연구나 다른 분야에서 자신의 생각이 지닌 '혁명적인' 측면을 더 이상 강조하지 않는 또 하나의 이유가 여기에

2006년경에 얀 소바크가 그린 그림에는 '좋은 어미 도마뱀'이라는 뜻의 마이아사우라가 등장한다. 마이아사우라의 서식지 여러 개가 한꺼번에 발견된 적이 있는데, 이는 공룡들이 일부 초기 과학자들이 생각했던 것보다 더 복잡한 사회생활을 했음을 시사한다.

5. 공룡 르네상스

있을지도 모른다.

　20세기 후반에 이루어진 공룡 연구에 대한 논의는 철학자 자크 데리다(Jacques Derrida, 1903~2004)로부터 큰 영향을 받은 문학계의 논의와 매우 유사하며, 그 시기 또한 서로 비슷하거나 몇 년밖에 차이가 나지 않는다. 공룡을 연구하는 학자들과 마찬가지로 문학계 학자들은 자신의 연구 분야가 비전문적이고 완전히 확립된 학문으로서의 위상을 갖지 못했다는 것을 우려했다. 문학 연구에는 특별한 방법론도, 전문적인 용어도 없었다. 더욱이 문학 연구가 중점을 두는 것은 주로 문학적 참고 문헌을 해석하는 일처럼 사실에 기반한 비교적 단순한 사안들이었다. 젊은 고생물학자들처럼 저항 정신을 가진 문학계 학자들은 보다 중요한 질문을 하고 고도로 정교화된 추상적 개념을 사용함으로써 이런 한계를 바로잡으려고 노력했다. 그러나 20세기 후반에 문학과 고생물학에서 이루어진 이런 이론적 논의는 오늘날에 와서 미래의 경향을 제시한다기보다 오히려 걸림돌로 작용하는 것처럼 보인다.

　고생물학에서는 이론의 중요성이 부각되지 않았고, 컴퓨터가 그 자리를 일부 대신하며 방대한 양의 정보를 배열하고 있는 듯하다. 연구자들은 이제 그들이 발견한 것과 전 세계 다른 곳에서 발견된 수천 개의 화석을 쉽게 비교할 수 있게 되었지만, 고생물학에서는 여전히 화석 하나하나에 집중하는 일이 중요하다. 컴퓨터 시뮬레이션의 등장 이후 어디까지가 연구이고 어디부터가 오락인지를 구분하는 것이 조금은 어려워졌다. 디지털 기기의 사용 빈도가 높아지면서 공룡 연구와 대중문화가 점차 공생하게 되었고, 이제는 공룡의 이미지가 비디오 게임, 가상 현실, 로봇 공학에 사용되고 있다. 이로 인해 고생물학은 꾸준히 매력적인 분야로 자리매김하고 재정 지원도 끊이질 않지만 전문가들의 세계에서 고생물학은 여전히 약간은 하찮은 분야로 낙인 찍혀 있을지도 모른다.

　어쩌면 공룡 르네상스의 가장 실질적인 성과는 고생물 예술 분야, 그중에서도 특히 공룡의 시각적 묘사에서 나타났을 것이다. 공룡 그림은 본래 박물학 삽화의 한 갈래였지만, 이제는 책이나 전시를 돋보이게 하기 위해서가 아니라 그 자체만

칼 부엘은 21세기 초의 가장 유명한 고생물 예술가이다. 그의 작품이 비교적 발랄하고 낙관적인 것도 그의 유명세에 기여했다. 부엘은 임박한 멸종의 전조나 피비린내 나는 싸움을 강조하지 않는다. 그가 그린 장면의 대부분은 밝고 화창한 풍경을 배경으로 하며 심지어 포식의 장면조차 장난스럽게 표현되어 있다.

파라사우롤로푸스 워커리를 그린 칼 부엘의 삽화. 많은 공룡들이 인상적인 특징 하나로 알려지는 경우가 많은데, 이 공룡은 머리부터 시작해 뒤쪽까지 돌출되어 이어진 거대한 볏으로 유명하다.

5. 공룡 르네상스

으로도 즐길 수 있는, 좀 더 독립적인 행위가 되어 가고 있다. 그러나 주요 미술관이 패션처럼 예술의 경계에 있는 대상들에 점차 열린 태도를 취하고 있음에도 불구하고 오로지 고생물 예술만을 위한 전시회를 연 미술관은 내가 알기로는 지금까지 한 곳도 없었다.

그렇기는 하지만 공룡 르네상스 이후 고생물 예술가들은 점차 자유롭게 공룡의 습성과 겉모습이 어떠했을지 공공연하게 추측해 왔다. 칼 부엘(Carl Buell)은 루돌프 잘링거(Rudolph Zallinger, 1919~1995)의 전통을 이어받아, 세부적인 것에 매우 세심한 주의를 기울이면서도 더 많은 색깔과 다양한 자세를 활용해 공룡을 묘사한다. 존 거치(John Gurche, 1951~)는 자신의 그림에 이야기를 입히는데, 특히 포식자가

얀 소바크, 「켄트로사우루스(*Kentrosaurus*)」, 2006년경. 최근에 고생물 예술은 공룡뿐만 아니라 공룡이 살았던 풍경에도 집중한다. 소바크의 작품에서 명암 대비는 스토리텔링을 더 효과적으로 부각시킨다.

루이스 레이, 티라노사우루스와 나란히 뛰는 거대 닭, 2000년경. 루이스 레이는 번뜩이는 상상력으로 21세기 고생물 예술의 선두에 섰다.

목표로 삼은 먹잇감과 대결하는 내용이 많다. 얀 소바크는 미묘하지만 강렬한 명암 대비를 통해 공룡을 극적으로 보이게 하고, 루이스 레이(Luis Rey, 1955~)는 상상 속에서나 볼 법한 과감하고 환한 색을 이용해 공룡을 그린다. 두걸 딕슨(Dougal Dixon, 1947~)은 새로운 공룡을 창조하기까지 한다. 고생물 예술가 중에 의도적으로 공룡을 이용해 현재 당면한 문제에 대한 견해를 밝힌 사람은 거의 없지만, 엘리 키시(Ely Kish, 1924~2014)는 비애에 빠진 공룡을 묘사하여 기후 변화로 인한 위험

5. 공룡 르네상스 171

을 극화했다.[13] 과학적 연구의 지침을 반드시 따를 필요가 없는 경우에도 공룡은 이제 밝은 색 깃털과 매우 동적인 자세로 표현되곤 한다.[14] 더욱이 예술가들은 지식이 점차 광범위해지는 동시에 빠른 속도로 진부해지면서 나타나는 제약과도 씨름해야 한다. 그뿐만 아니라 이들은 디지털 미디어와의 경쟁은 물론, 예술보다 기술에 더 의지하고 싶은 유혹에도 직면해 있다.[15]

우리가 알 수 있는 것은 무엇일까

과학이 발전하면서 종교적 근본주의가 부상했다는 사실이 오늘날에는 모순처럼 보일지도 모른다. 더욱이 서양의 전통적인 종교적 우주론이 불교나 힌두교의 우주론에 비해서 비과학적이라는 것을 감안하면, 서양에서 과학이 발전했다는 사실이 조금 이상하기도 하다. 동양의 종교는 심원한 시간의 개념은 물론, 동물과 인간의 가변적인 구분법을 늘 포용해 왔다. 근대 과학이 서양에서 발달한 이유는 근대 초기에 서양 우주론이 특유의 지나친 경직성을 갖다 보니 관찰한 것을 조사할 수 있는 기준이 마련된 것일 수도 있다.

창세기의 천지창조와 노아와 대홍수 이야기가 보다 엄밀하고 근본주의적으로 해석되자 사람들은 이를 바탕으로 자연계에서 관찰한 내용을 해석하는 틀을 만들었다. 성서의 이야기는 불변의 기준이 되었고, 이것을 척도로 이후 전개되는 일들을 평가할 수도 있었다. 그러나 문자 그대로 해석한 성경에 대한 신뢰가 떨어지면서 그 자리를 대신할 또 다른 불변의 기준이 필요했다. 초기 다윈주의자들에게 불변의 기준은 지형적 형성 과정이었는데 제임스 허턴과 찰스 라이엘과 같은 이론가들은 이 기준이 영원하다고 생각했다. 공간과 시간의 본질을 비롯하여 점점 많은 불변의 기준이 불확실성을 띠면서, 과학은 점차 추상적이고 불가사의한 영역이 되었다. 그러나 과학자들은 대중에게 연구의 타당성을 밝혀야 했기 때문에 이런 난해함은 지속될 수 없었고, 특히 시각적 이미지가 매우 중요한 공룡 연구에서는 더욱 그랬다. 과학과 대중문화를 동시에 수렴해야 하는 공룡 연구에는 늘 특유의 긴장감이 흘렀다.

대중적이든 혹은 과학적이든 우리의 언어는 해부학적 현대인(anatomically modern humans, AMH) (현생 인류와 해부학적 특징이 비슷하면서 네안데르탈인 등의 고인류와는 뚜렷이 구분되는 종 - 옮긴이)이 경험한 세계를 묘사하기 위해 발달했다. 이 세계가 공룡처럼 우리로부터 아주 멀리 떨어진 경험의 영역까지 확대되면, '종'과 '온혈성' 같은 기본적인 개념이 무너지기 시작하고 그 어느 때보다 명확한 설명이 절실해진다. '우월성'처럼 고도로 추상적이고 가치판단적인 개념에는 이런 설명이 더욱 필요하다. 하루나 일 년 같은 기준이 더는 영원하다고 보지 않기 때문에 우리가 일반적으로 알고 있는 시간의 개념조차 더 이상 당연하지 않다. 근대 이전의 문화에서는 이것을 직관적으로 감지했던 것일지도 모른다. 그래서 오래전이라고 해봐야 대략 만 년 전에 존재하던 상황에 대해서도 설명하려는 시도가 거의 없었다. 우리는 근대에 와서 우리가 만든 범주를 아주 먼 과거에 적용했고, 극도로 상세하고 미묘한 차이까지 구분할 정도로 먼 과거를 자세히 묘사하는 데 큰 성과를 거두었다. 그러나 우리가 최대한 정교하게 재건한 먼 과거에도 언급되지 않은 추정과 설명되지 않은 개념이 존재한다.

변화를 설명하고 평가하는 일은 불변하는 것과의 비교를 통해서만 가능하며, 불변하는 것에는 하루나 미터, 또는 난폭함 같은 특성을 측정하는 단위가 있을 수 있다. 가령 티라노사우루스 렉스를 묘사한다면, 현재 존재하는 생명체와의 수많은 암묵적 비교를 통해 설명할 것이다. 티라노사우루스가 '거대하다'라고 말하면 현재 살아있는 육상 동물과 비교해서 그렇다는 뜻이다. 티라노사우루스가 '무섭다'라고 말하면 좀 더 다양하고 개인적인 이미지를 떠올리게 된다.

더 먼 과거로 거슬러 올라가면 불변의 기준처럼 보이는 것들이 더욱 미심쩍어 보인다. 공룡은 수백만 년 전에 살았고, 일 년은 여러 날로 이루어진다. 그렇다면 만약 지구가 늘 일정한 속도로 회전하지 않으면 어떻게 될까? 사실 과학자들은 자전 속도가 수백억 년에 걸쳐 현저히 감소했다고 말한다. 오늘날 과학자들은 방사성 원소가 붕괴되는 속도를 이용해 가장 정확한 시간을 측정하는데, 이것은 불과 수백 년 전에는 이해할 수조차 없었던 개념이다. 이런 방식으로 지질학적 시간을 이야기하는 것은 과학자들에게조차 여전히 무척 어려울 뿐만 아니라 직관에 반하는 일이기도 하다. 그리고 방사성 원소가 변함없는 속도로 붕괴된다고 확신할 수 있을까? 이 난해한 문제는 철학자들에게 넘겨야 할 것이다. 여기에서 말하고자 하는 바는, 공룡과 공룡의 세상을 상상할 때 우리가 끊임없이 인식론의 문제와 맞닥뜨리게 된다는 것이다.

무엇보다 이런 논의를 통해 우리가 알게 되는 것은 공룡에 관한 연구가 더 큰 문화적 추세와 상당히 밀접하게 연관되어 있다는 점이다. 우리는 여전히 여러 모순적인 방식으로 공룡 세계를 규정하는데 이 모든 방식이 우리 자신의 모습을 일부 반영한다. 거대한 공룡이 멸종했기 때문에 절망적이기도 하지만, 한편으로는 작은 공룡이 조류로 진화했기에 희망적이기도 하다. 공룡 대부분이 결국엔 지구 변화에 적응하는 데 실패했기 때문에 적응력이 없다고 볼 수도 있지만, 상당히 다양한 모습을 띠고 있던 것을 보면 적응력이 높았다고 할 수도 있다. 인간 사회와 많은 유사점을 보여서 경이롭기도 하지만, 바로 그 이유 때문에 끔찍하기도 하다. 모든 면에서 공룡은 인간의 대역과 다름없다. 단숨에 어마어마하게 강력해졌다가 훨씬 더 강력한 우주의 힘 앞에서 무력해졌기 때문이다.

'르네상스'라는 용어는 본래 14~15세기에 이탈리아를 중심으로 그리스 로마 신을 비롯한 고대 그리스 로마에 대한 관심이 부활한 것을 일컫는 말이다. 근대에 공룡의 역할은 중세 시대에 그리스도교 이전의 신들이 했던 역할과 유사했고, 공룡 열풍은 인간이 그동안 내쫓거나 길들이려고 애썼던, 본질적으로 알 수 없는 자연의 강력한 힘에 경의를 표하는 하나의 방식이었다. 이 글을 쓰는 지금 허리케인 하비, 어마, 마리아가 전례 없는 규모로 미국의 일부 지역을 완전히 파괴하고 있다. 이런 허리케인은 주로 인간의 행동으로 인해 야기된 기후 변화의 산물인데, 이것을 보면 테마파크에서 도망치는 공룡들이 떠오른다. 소설이면서 영화화된 '쥬라기 공원'은 여러 면에서 착취적이고 심지어 저속하기까지 하지만, 인간이 지닌 통제력의 한계에 관한 진지한 메시지를 담고 있다. 공룡과 마찬가지로, 자연의 강력한 힘은 일단 불러들이면 인간이 세운 벽 안에서 통제할 수 없다. 체인점식의 테마파크는 걷잡을 수 없이 퍼지는 상업주의를 등에 업고 이런 메시지를 약화시켰지만, 그 안에서는 테마파크를 만든 사람들이 결코 예상할 수 없는 방식으로 이야기가 전개될지도 모른다.

6 근대성의 토템

'더 이상 그들을 공룡이라 부르면 안돼.' 요레스가 말했다.
'그건 종 차별적이야. 석유 생성 이전의 인간이라 불러야 해.'

테리 프래쳇(Terry Pratchett, 1948~2015), 『조니와 폭탄(Johnny and the Bomb)』

어떤 점에서는 공룡이 인간과 동시대에 존재했을 수 있다는 생각을 뿌리치기 힘들다. 과학자들이 연이어 등장한 생명체들을 순서대로 정리한 복잡한 연대표를 전적으로 받아들이기는 어렵다. 인간의 상상력은 공룡이 멸종된 6천 5백만 년 전이나, 공룡이 최초로 지구에 나타난 1억 8천만 년 전이나, 호모 사피엔스가 등장한 20만 년 전이나, 지구가 생성된 45억 년 전이나 별 차이가 없다. 이 모든 시간들은 너무도 방대해서 이해하기 어렵고, 이해하려고 하면 그 시간들이 하나로 뭉뚱그려지는 것 같다. 심원한 시간은 쉽사리 영원한 현재가 되어 버린다.

『영원 회귀의 신화(The Myth of the Eternal Return)』에서 종교사학자 미르체아 엘리아데(Mircea Eliade, 1907~1986)는 유대 - 그리스도교에서 주장하는 직선적인 시간관이 돌이킬 수 없는 최종성을 의미하고, 이 최종성은 결국 구원의 약속으로만 잠재울 수 있는 공포를 야기한다고 말한다. 구원의 약속은 요한계시록에서처럼 신비주의적 신격화로 나타날 수도 있고, 마르크스주의에서와 같이 비종교적인 형태로도 나타날 수 있다. 후자의 경우, '진보'에 대한 모호한 믿음의 모습을 띠기도 한다.[1] 그러나 엘리아데에 따르면, 대부분의 사람들은 확실한 의미나 방향, 목표나 목적 없이 변화가 계속될 수 있다는 가능성을 견디지 못한다. 공룡의 역사가 이를 중

인기 만화 「앨리우프」가 그려진 미국 우표. 1932년에 만들어진 이 만화는 공룡과 함께 사는 네안데르탈인의 이야기이다.

명한다. 사람들은 주로 상상 속에서라도 공룡 멸종의 최종성을 다양한 방식으로 끊임없이 부인하려 애쓴다. 대중 문학과 심지어 과학적 문헌도 공룡이 이 세상의 머나먼 지역에 살고 있었다거나 인간이 다시 되살렸다는 이야기로 가득하다. 허버트 조지 웰스(H. G. Wells, 1866~1946)와 레이 브래드버리를 비롯한 많은 작가들의 소설에서는 공룡 시대로의 시간 여행이 뿌리 깊은 전통으로 존재한다.[2]

1990년에 실시한 갤럽 조사에 따르면, 미국인의 41퍼센트가 인간과 공룡이 같은 시기에 살았다고 생각한다.[3] 「앨리우프(Alley Oop)」 등의 만화책과 「고인돌 가족 플린스톤」 같은 만화 영화는 물론, 「쥬라기 공원」 등의 영화에서도 인간과 공룡은 서로 교류한다. 2008년에 히스토리 채널에서 「쥬라기의 파이트 클럽(Jurassic Fight Club)」이라는 시리즈를 방영했는데, 컴퓨터 그래픽으로 만든 데이노니쿠스와 테논토사우루스 같은 공룡 둘이 서로 싸우는 것을 보며 인간 진행자들이 권투 경기를 중계하듯 공룡들의 전략과 전술을 논하는 프로그램이었다. '공룡 성애물'로 알려진 하나의 도서 장르도 있어서 『티라노사우루스에게 당하다(Taken by T. rex)』나

『트리케라톱스의 능욕(Ravished by Triceratops)』과 같은 책도 있다. 많은 기독교 근본주의자들은 노아가 공룡 대부분을 방주에 태우지 않았기 때문에 약 6천 년 전에 멸종했지만, 그가 구했던 몇몇 공룡은 현재까지 살아있을 수도 있다고 생각한다. 켄터키주 윌리엄스타운의 창조 박물관(Creation Museum)에 전시된 거대한 노아의 방주 모형 안에는 공룡 모형들을 수용한 여러 작은 방이 있다.

1856년에 공식 발간된 『크리스털 팰리스 파크 안내서(Guide to the Crystal Palace and Park)』에는 익룡이 '가장 개연성 있는 고대의 전설적인 용'이라고 쓰여 있었는데,[4] 이는 이미 그 당시에 인간이 살아 있는 익룡을 목격했다는 것을 은연중에 암시한다. 공원이 개장된 직후 저명한 박물학자 필립 헨리 고스(Philip Henry Gosse, 1810~1888)는 선원들이 목격했다는 다수의 큰 바다뱀이 사실은 플레시오사우루스라고 주장했다.[5] 19세기 이후 스코틀랜드 네스 호의 괴물(Loch Ness Monster)은 전 세계의 호수에서 목격된 유사한 전설적인 생명체와 마찬가지로 플레시오사우루스

한스 에게드(Hans Egede, 1696~1758)의 「오랜 그린란드의 새로운 조사(The New Survey of Old Greenland)」(1734)에 등장하는 큰 바다뱀. 이 생명체의 지느러미를 본 필립 헨리 고스는 이전에 목격된 큰 바다뱀들과 이 바다뱀을 살아 있는 플레시오사우루스라고 생각했다.

로 그려졌다. 선원들이 큰 바다뱀을 목격했다는 보고가 적어도 수백 건, 혹은 수천 건에 달했으며 현재까지도 이어지고 있다. 그중 몇몇 보고에 따르면, 그 생명체가 이크티오사우루스와 비슷하게 거대한 눈을 지녔다고 한다.[6] 아서 코난 도일(Arthur Conan Doyle, 1859~1930)도 이런 종류의 생명체를 목격했다고 주장한 적이 한 번 있다.[7] 거대한 아파토사우루스로 여겨지는 모켈레 음벰베(Mokele-mbembe)는 100년 넘게 중앙아프리카 전역에서 목격되었으며, 이 생명체에 대한 소문만으로도 해당 지역 전체가 공포에 떨었다.[8]

과학자들조차 인간이 공룡과 얼굴을 맞대고 가까이 지냈다는 주장을 완전히 무시할 수는 없어서, 반농담식으로 공룡을 되살릴 방법을 제시했다. 20세기 후반부터 DNA를 이용해 멸종된 동물을 복제해서 되살리자는 운동이 일어나 논란을 빚었다. 가장 유력한 복제 후보는 불과 20세기 초반에 멸종된 나그네비둘기일 것

필립 헨리 고스의 『자연사의 낭만(*The Romance of Natural History*)』(1860)에 실린 삽화에 그려진 큰 바다뱀. 혹독하고 적막한 풍경과 환하게 비추는 햇살은 창세기와 고생물 예술의 삽화에 흔히 등장하는 모티프이다.

네스 호의 괴물을 플레시오사우루스로 재현한 것으로, 스코틀랜드 네스 호 센터 밖에 설치되어 있다.

이다. 목표를 좀 더 거창하게 세운다면, 멸종한 지 채 만 년이 안 된 털북숭이 매머드가 될 수도 있을 것이다. 그러나 최종적인 목표는 공룡 복제였고, 이것은 엄청난 인기를 끈 마이클 크라이튼의 소설 『쥬라기 공원』과 『잃어버린 세계』는 물론 이를 바탕으로 제작된 블록버스터 영화들의 토대가 되었다.

소설이 발간된 후 과학자들은 DNA의 한계에 대해 더 자세히 알게 되었다. 우선 DNA는 불안정하며, 유리한 조건에서도 DNA 가닥의 절반은 521년 내에 부패한다. DNA 가닥의 조각은 백만 년이 지난 지금까지도 남아있을 수 있지만, 조류가 아닌 공룡은 6천 5백만 년 전에 멸종되었다. 더욱이 DNA 자체만으로는 유기체의 발달 과정을 만들기에 충분하지 않으며, 이것이 가능하려면 DNA와 주변 환경과의 상호작용이 있어야 한다.

고생물학자 잭 호너는 자신의 저서 『공룡 만드는 방법: 역진화의 새로운 과학

귀스타브 도레가 그린 「바다 괴물을 만난 수도사 존(Friar John encountering a sea monster)」 (1873). 라블레(Fancois Rabelais, 1494~1553)의 『가르강튀아와 팡타그뤼엘(Gargantuan and Pantagruel)』의 삽화로 쓰였다. 이 생명체의 눈은 이크티오사우루스의 거대한 눈을 닮았다.

(How to Build a Dinosaur: The New Science of Reverse Evolution)』(2010)에서 적어도 이론상으로는 가능할 수 있는 공룡 살리기 방법을 한 가지 제시했다. 조류는 공룡의 후손이므로 닭의 배아는 공룡이 될 가능성을 아직 가지고 있을 수도 있으니 닭의 배아를 일련의 단백질 분자에 노출시켜 변형하면 조상의 형태로 발달하게 할 수도

카미유 플라마리옹의 『인간 창조 이전의 세계』에 삽입된 삽화로, 페르난도 베스니에의 작품이다. 공룡이 뒷다리로 서서 높은 빌딩의 창문을 들여다보는 모티프는 이후 수십 년 간 많은 대중 출판물에서 되풀이되었다.

있다는 주장이었다. 그러나 호너는 정확한 순서가 무엇인지 알아내는 것이나, 얻은 결과가 조상 공룡과 동일한지를 판단하는 것조차 사실상 불가능하다고 시인했다. 게다가 이 방식을 통해 거의 불가능에 가까운 공룡 살리기가 가까스로 실현된다 해도, 그것은 그저 닭의 조상일 수도 있다.[9] 또는 디플로도쿠스나 티라노사우루스 같은 거대한 공룡이 아닐 수도 있다. 과거는 물론 현재에도 그렇듯 진정으로 우리의 상상력을 자극하는 것은 거대한 공룡이다.

우리가 나그네비둘기나 도도새를 현존하는 동물로 생각할 가능성은 공룡을 그렇게 여길 가능성보다 훨씬 낮다. 최근에 멸종된 이런 새를 떠올릴 때, 그 새가 살던 시대와 당시의 기술이나 의복에 걸맞은 관습을 포함하여 명확하게 정의된 역사적 맥락 안에서 생각하기 때문이다. 공룡 세계의 모습을 재현할 때에는 이런 새들을 떠올릴 때와 조금이라도 비슷한 확신과 정확성을 가질 수 없기 때문에, 우리는 공룡이 시간의 테두리 밖에 존재한다고 생각한다. 우리는 공룡의 시대를 머나먼 과거 저편으로 보내 공룡이 우리와 같은 시대에 살고 있는 것처럼 느낀다.

근대 문화

W. J. T. 미첼(W. J. T. Mitchell, 1942~)에 따르면, '공룡을 가장 잘 이해하는 방법은 공룡을 근대 문화의 토템 동물로 여기는 것이다. 다시 말해, 공룡을 근대 과학과 대중문화, 경험적 지식과 집단적 공상, 이성적인 방식과 의식(儀式)적 행위가 결합된 생명체로 간주하는 것이다.'[10] 미첼의 입장을 간단히 요약해서 말하면, 인간은 사회에 대한 다양한 생각을 부호화하는 데 공룡을 이용한다. 또한 파충류의 시대가 포유류의 시대를 앞서기 때문에 공룡은 인간의 조상의 위치에 있다. 마지막으로 '디노매니아'로 일컬어지기도 하는 공룡 열풍이 공룡에게 신비한 기운을 부여하고, 그 중심에는 모든 종류의 의식과 금기로 점철된 공룡 발굴과 전시가 있다

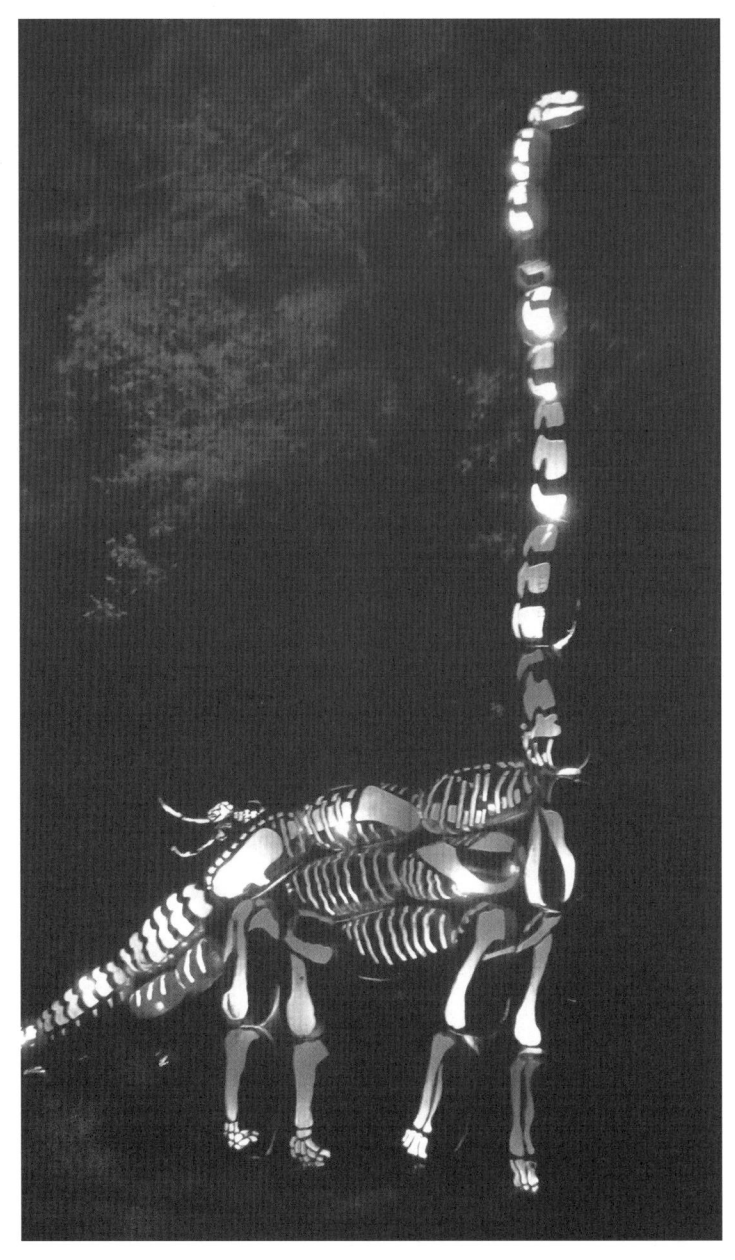

호박 전등으로 만든 아파토사우루스(2016). 뉴욕 크로턴-온-허드슨의 반 코틀랜드 저택에서 매년 열리는 '불꽃' 쇼에서는 주로 전설과 역사 속 인물들을 잭-오-랜턴으로 화려하게 만들어 전시하는데 그중에서도 공룡 형상이 눈에 띈다.

매사추세츠주 디어필드의 메모리얼 홀 박물관(Memorial Hall Museum) 앞에 설치된 철제 공룡 조형물은 지질학과 공룡 발자국에 관한 전시의 마스코트가 되었다.

는 것이다.[11] 미첼에 따르면, 공룡은 '근대의 시간 감각을 전형적으로 보여주는데, 이것은 고생물학에서의 지리적 "심원한 시간"과 근대 자본주의에 만연한 혁신과 진부함이 되풀이되는 속세의 순환 둘 다를 의미한다.'[12] 공룡은 대개 싸우는 모습으로 보여지고 생존을 위해 늘 서로 경쟁하는데, 이는 오늘날의 회사와 거대 기업의 모습과 무척 닮아있다. 자본주의 사회가 일시적인 열광이나 유행이 연속된다는 점에서 이야기되는 것처럼, 공룡은 종, 이론, 지질학적 시대가 연속되어 나타난다는 측면에서 이야기된다.

보다 넓은 관점에서 보면 근대의 특징은 시간의 상품화로, 시간을 사고 팔 수 있는 단위로 나누는 것을 말한다. 손목시계가 처음 등장했을 때 유일한 기능은 지위를 상징하는 것이었으나 점차 보편적인 장신구로 자리 잡았다. 공장 근로자들

6. 근대성의 토템　185

은 의무적으로 시간기록계에 출퇴근 시간을 기록해야 했고, 거의 모든 사람들이 점차 세분화된 일정에 따라 자신의 삶을 통제하게 되었다. 객관화된 시간의 개념이 우리가 주관적이고 유동적으로 겪는 시간의 경험을 덮어버렸다.

미첼은 최소한 공룡과 근대성 사이에 매우 밀접한 연관성이 있음을 알아냈다. 근대의 가장 두드러진 특징은 중공업의 부상, 규모의 경제, 자본주의, 국가 사회주의, 전통과의 극적인 단절이다. 공룡을 발견했거나 사회적으로 구상했던 것은 근대가 시작된 19세기 초반이었다. 이런 일들은 전 세계의 산업과 무역 분야에서 독보적인 선두에 섰던 영국에서 주로 나타났다. 물론 프랑스, 벨기에, 네덜란드, 독일과 같은 산업 강국들도 여기에 상당한 기여를 했다. 19세기 후반과 20세기 초반에 미국이 세계 최고의 산업 강국으로 부상하기 시작하면서 공룡 뼈를 수집하고 전시하는 일에도 역시 앞장섰다. 최근에는 세계 최대 경제 대국의 자리를 두고 중국이 미국에 도전장을 내밀면서 공룡 연구의 중심 역시 중국으로 옮겨가고 있다.

우리의 신화적 조상

'토테미즘'은 완벽하게 정확한 의미로 사용할 수 없는 개념 중 하나지만, 비논리적이라고 치부하기에는 상당히 다채로운 의미를 가지고 있다. 토테미즘이라는 단어는 인류학자들이 처음으로 사용한 뒤 약 150년이 흐르는 동안 재정의되고, 버려지고, 잊히고, 경시되고, 부활하기를 반복했다. 토테미즘은 동물이나 식물의 종과 인간 집단 사이의 밀접한 유대 같은 것을 말한다. 19세기와 20세기 초반의 이론가들에게 토템은 대개 인간의 신화적인 조상을 의미했다. 이 주장에 이의를 제기한 사람이 클로드 레비스트로스(Claude Lévi-Strauss, 1908~2009)였다. 그는 『야생의 사고(The Savage Mind)』를 비롯한 여러 저서에서 토테미즘이 자연계를 모형 삼아 인간 사회를 규정하는 방식이라고 설명했다. 다시 말해, 토템 사회에서는 동식물이 여러 종류로 분화된 자연계가 인간 사회의 관계를 설명하는 일종의 도식 모형으로 인식되었다는 주장이었다.[13]

미첼은 거의 모든 부분에서 레비스트로스의 영향을 받았지만, 자연과 인간의 영역을 맥락 없이 구분한 토테미즘의 개념에 대해서만은 확실한 반대 입장을 내비쳤다.[14] 레비스트로스의 개념에 따르면, 두 영역이 뚜렷이 구분되어야만 한 영역이 다른 영역의 본보기가 될 수 있다. 세계를 이런 식으로 구분하는 것이 근대 서양의 특징이지만, 대부분의 토착 문화에서는 비교적 생소한 일이다. 이런 구분은 레비스트로스가 글을 썼던 당시에는 타당한 듯 보였다. 그러나 지난 수십 년의 연구를 통해 밝혀진 사실은 한때 완전히 자연 그대로인 것처럼 보였던 환경이 형성되기까지 인간의 역할이 중요했다는 것이다. 북아메리카 원주민들은 자신의 정착지에 나무가 자라지 못하도록 평원에 불을 지펴서 주변 환경을 관리했다. 아마존 강의 일부 지역이 인간의 정착지와 농경지로 가득 메워진 적도 있었다. '야생의 자연'이라는 개념조차 인간이 만든 것으로 밝혀졌고, 야생 그 자체인 듯한 사슴 같은 동물들은 사실 수백 년, 혹은 수천 년 동안 인간과 공생해 왔다.

미첼은 토테미즘을 공룡과 결부시키는 데 레비스트로스의 개념을 적용하지 않았다. 그러나 한편으로 우리가 공룡을 인간 활동에 의해 오염되지 않은 가장 천연 그대로의 자연으로 생각하는 것은 당연한 일이다. 아이러니하게도 레비스트로스가 말하는 토테미즘의 개념이 바로 공룡에 가장 잘 들어맞을 수도 있다. 공룡은 결코 우리의 애완동물이 될 수 없고 우리의 일을 거들어 줄 수도 없다. 우리가 하는 그 어떤 행동도 공룡을 위협하거나 보호하지 못한다. 공룡에 관한 연구는 질병을 치료하거나 예방하는 데 전혀 도움이 되지 않고, 현재의 생태학에 즉각적인 영향을 미칠 가능성도 없다. 공룡 연구로 인한 실질적인 영향이 있다 하더라도, 그것은 하다못해 철학적인 것에 가까울 정도로 간접적이고 동떨어져 있다. 그러나 인간에게 아무런 득이 되지 않는다는 바로 그 이유 때문에 공룡은 쉽게 인간적인 의미를 흡수한다. 자연과 문명을 철저히 분리하는 사고방식이 과거 빅토리아 시대에 거의 모든 사고를 지배했는데, 이런 이원성이 오늘날까지 이어져 아주 먼 과거와 현재를 분리하고 있다. 오늘날 모든 것이 '인간'에 관한 것이라면, 과거에는 모든 것이 '공룡'에 관한 것이었다. 중생대는 우리가 사는 시대를 이해할 수 있게 하는 거울이 된다. 우리가 그 거울을 들여다보면 그 안에서 공룡이 우리를 쳐다보고 있다.

여러 측면에서 볼 때, 미첼은 분명 '토테미즘'이라는 단어를 레비스트로스나 다른 인류학자와는 다른 의미로 사용하고 있다. 토템과 관련된 동물은 보통 인간에게 친숙한 동물이지만, 공룡을 실제로 본 사람이 아무도 없다는 점은 미첼도 인정한다. 그는 또한 우리가 대부분의 토착민들과 달리 과학이라는 미명 아래 공룡이 가진 신비로운 역할을 인정하지 않고[15] 그들의 영묘한 특성을 무의식 속에

2017년 뉴욕 차이나타운에서 열린 중국 춘절 기념행사의 한 장면. 중국의 용은 큰 바다뱀, 수사슴, 잉어, 낙타, 매를 비롯한 많은 동물들의 특징을 결합하여 만들어진 것이고, 그 형체는 공룡 뼈에서 일부분 영감을 받았다. 춘절 행사에서 중국 용은 큰 볼거리인데, 공룡을 '근대성의 토템'으로 여기는 것인지도 모른다.

넣어 두었기 때문에 공룡이 토템의 역할을 할 수 있다고 덧붙인다. 미첼이 언급하지 않은 차이점은 이 밖에도 많다. 우리는 일반적으로 역사상의 시대가 아닌, 부족이나 국가가 토템을 가진다고 생각한다. 미첼은 근대인을 여러 시대를 아우르는 거대한 인간 공동체에 속한 하나의 부족으로 생각했을 수도 있다.

'토테미즘'과 마찬가지로 '근대성(modernism)'도 모호하기로 유명한 개념이기 때문에, 미첼이 말하는 '근대성'의 의미에 대해 더 구체적인 설명이 있었으면 좋았을 것이다. 근대성은 근대의 모든 사람과 생각을 지칭하는 것일까, 아니면 단지 특정 철학을 신봉하는 사람들을 일컫는 말일까? 역사학자들은 보통 근대를 1801년부터 1950년까지로 규정한다. 일반적으로 시대를 엄격하게 구분하지 않는 문학자들 가운데 많은 이들이 근대가 끝나는 시점을 1960년대나 심지어 1970년대 초반까지로 미루기도 한다. 그러나 연대를 어떤 식으로 나누더라도 근대는 적어도 50년 전에 막을 내렸다. 디노매니아의 측면에서 볼 때, 근대의 정점은 1964년에 개장한 싱클레어 디노랜드이다. 그곳에 전시된 웅장한 모습의 공룡은 정적이면서도 향수를 불러일으켰다. 근대가 새로운 공룡의 시대였다면, 이제는 끝나버린 디노매니아의 미래는 어떤 모습일까?

미첼은 우리가 공룡에 대한 흥미를 점차 잃게 되어 결국 공룡이라는 주제는 그저 불가사의한 분야를 연구하는 학문 가운데 하나로 남을 것이라고 예측한다. 그는 근대의 정점이 디노랜드가 아니라, 그것을 바탕으로 소설과 영화로 만들어진 '쥬라기 공원'이라 여기고 '쥬라기 공원'이 '무시무시한 도마뱀들의 마지막 축제이자, 또 다시 사라질 수 있다는 불길한 징조가 되는 것은 아닌지'[16] 묻는다. 미첼은 '쥬라기 공원'이 150년 이상 지속되어 온 디노매니아의 정점이었고, 이후 공룡 열풍은 사그라들지도 모른다고 생각한다. 또한 크라이튼과 스필버그가 디노매니아의 상당히 많은 측면을 '쥬라기 공원'에 교묘하게 이용하여 처음부터 이 작품이 근거로 삼았던 모순, 예컨대 순수 과학과 상업 사이의 모순을 드러냈다고 미첼은 생각한다.

6. 근대성의 토템

'공룡'은 무엇일까? 크리스털 팰리스 파크나 싱클레어 디노랜드, 또는 '쥬라기 공원'에 등장하는 괴물들에게 이 단어를 쓰는 것이 옳은 일일까? 장난감이나 비디오 게임 속 캐릭터를 공룡이라 불러도 될까? 1842년에 리처드 오언이 공룡이라는 단어를 처음으로 사용했을 때, 그는 진화 계통을 고려하지 않고 그저 비슷한 종으로 보이는 동물들을 생각하며 이 단어를 만들었다. 이 단어는 해부학적 구조를 바탕으로 만들어지긴 했지만 본질적으로는 직관에 의한 것이었다. 1880년대 후반에 헨리 실리(Henry Seeley)는 공룡의 둔부 구조를 기준으로 공룡을 스테고사우루스와 트리케라톱스 같은 조반류와, 아파토사우루스와 티라노사우루스 같은 용반류로 분류했다. 일부에서는 이런 분류 방식에 이의를 제기하기도 하지만 현재까지도 대체로 인정되고 있는 방식이다. 이 분류 방식은 두 부류가 동일한 조상으로부터 분화된 것인지에 대한 논쟁으로까지 확대되었는데, 이 질문에 대해서는 오늘날 고생물학자들 대부분이 긍정적으로 답한다. 만약 공룡이 후손까지 모두 단일한 종으로 이루어진 단계통 분류군이 아닌 것으로 드러난다면, 과학자의 관점에서 볼 때 '공룡'이라는 단어는 '민간 분류 체계(folk taxonomy)'에 속하게 될 것이다. 그러나 그렇게 된다 하더라도 대중이 느끼는 차이는 거의 없다.

해부학과 진화 계통에 관한 불가사의한 논의는 대부분의 사람들에게 그다지 중요한 문제가 아니다. 디노매니아가 오로지 공룡에 대한 것이었던 적은 단 한 번도 없다. 적어도 고생물학자가 생각하는 공룡에 관한 것만은 아니었다. 디노매니아는 플레시오사우루스와 익룡 같이 엄밀히 말하면 공룡으로 분류되지 않는 여러 생명체들을 포함하는 반면, 몸집이 특별히 크지 않거나 인상적인 특징이 없는 많은 공룡까지 확대되지는 않는다. 디노매니아는 우리가 '용'이라 생각하는 생명체에 관한 것이다. 근대인들은 갑작스럽게 과거와 단절하려 애쓰며 과학에서의 공룡과 신화에서의 용 사이에 뚜렷한 경계를 그었다. 그러나 적어도 민간의 전통에서는 공룡이 전적으로 과학적이었던 적이 없고, 용이 전적으로 신화적이었던 적도 없다. 현재는 물론 과거에도 공룡과 용은 목격, 추측, 전통, 공상이 한데 어우러져서 나타난 것이다. 공룡 장난감이나 「쥬라기 공원」 같은 영화와 대중 오락물들이 공룡과 용 사이의 경계를 흐릿하게 하거나 완전히 지워버린 것이다.

디노매니아의 미래

미첼과 달리 나는 공룡에 대한 대중의 흥미가 곧 사라질 것이라 생각하지 않는다. 공룡은 크기만으로도 자연의 방대한 힘이 가진 매력을 대변하며, 생명의 역사 전체에서 공룡과 비교할 수 있는 것은 아무것도 없다. 게다가 공룡은 역사가 시작된 시기나 어쩌면 그 이전 시기의 신화적 전통으로 가득 차 있다. 그러나 근대가 과거 속으로 멀어지면서 디노매니아는 이전과는 매우 다른 양상을 띠게 될 것이다.

이런 사실은 우리에게 훨씬 광범위한 질문을 떠올리게 한다. 근대 이후 어떤 일이 일어날까, 혹은 이미 근대를 대신하고 있는 것은 무엇일까? 1970년대 중반 무렵에 나타나기 시작한 '포스트모던'이라는 단어는 극단적 절충주의를 일컫는 말로 사람들이 여러 다른 시대와 운동으로부터 스타일, 모티프, 수사법을 자유롭게 차용하는 것을 주로 뜻했다. 1970년대 말에 장 프랑수아 리오타르(Jean-François Lyotard, 1924~1998)는 『포스트모던의 조건(*The Postmodern Condition*)』 프랑스어판 원본을 출간했다. 포스트모더니즘에 관한 포괄적인 이론을 제시하는 이 책은 20세기의 가장 영향력 있는 책 중 하나로 알려져 있다. 리오타르에 따르면, 근대부터 현재까지 나타난 근본적인 변화는 '대서사'가 더 이상 인간의 지식 탐구를 정당화하지 못한다는 것이다.[17] 이런 대서사에는 공산주의, 파시즘, 미국의 민주주의 같은 제도에 관한 미화된 역사는 물론, 더 근본적으로는 근대 과학의 미화된 역사까지 포함된다. 모든 대서사 중에서 가장 장대한 이야기는 단연코 시간에 따른 생명의 역사이다. 이것은 교과서와 박물관 전시에서 많이 이야기되는 것으로, 진화가 인류에 이르러 정점에 다다랐다는 내용이다. 또한 이 서사에는 공룡이 인간 출현

존 마골리스, 뉴햄프셔, 2번 도로, 산타 마을의 성 옆에 있는 공룡(1996). 포스트모더니즘의 주된 특징은 다양한 스타일, 모티프, 시대를 절충한 조합에서 찾을 수 있다. 미국식 산타클로스가 사는 상상 속 마을에 세워진 중세 양식의 성 앞에 공룡들이 서있다.

의 전조, 더 나아가 일종의 견본으로서 근대적 의의를 갖게 되었다는 내용도 포함된다. 이런 서사에서 공룡은 헤시오도스의 『신들의 계보』에 등장하는 청동 인간이나 마야 신화의 나무로 만들어진 인간 같이 실패한 인간 창조물처럼 보인다. 이렇게 뻔뻔하게 인간 중심적인 이야기는 더 이상 신뢰를 주지 못한다.

브뤼노 라투르는 자신의 저서 『우리는 결코 근대인이었던 적이 없다(We Have Never Been Modern)』(1991)에서 근대의 특징은 일련의 기술적, 과학적, 정치적, 상업적, 문화적 격변이라고 말했다. 이런 격변 속에서 인간은 과거를 영원히 지워 버리거나 적어도 무관한 것으로 만들려는 시도를 했다. 그러나 과거와는 결코 단절할 수 없고 버려진 양식이나 제도는 새로운 체제라는 맥락에서 끊임없이 되돌아온다는 것이다.[18] 이를 보여주는 적절한 예가 용이 '공룡'으로 재현된 것이다.

파멸된 후에 찾아오는 과거에 대한 향수는 근대성에서 반복적으로 나타나는 현상이다. 미국에서 독립혁명이 일어난 후에 귀족 작위가 폐지되었지만, 곧이어 밴더빌트와 록펠러 가문처럼 상당한 부를 가진 최상류층이 생겨났다. 이들은 화려한 대저택을 짓고, 미술품을 모으고, 귀족적인 취향을 길렀으며, 심지어 유럽 귀족과 결혼하는 경우도 빈번했다. 공룡이 근대성의 토템이 된 것도 멸종되었다는 바로 그 이유 때문일지도 모른다. 공룡은 근대인들이 애써 없애려고 했던 모든 것이었지만, 없앤 후에는 왕, 귀족, 토착 문화, 종교, 시골 풍속, 그중에서도 특히 자연계와 마찬가지로 그들이 그리워한 것이기도 했다.

인류학자인 필리프 데스콜라(Philippe Descola, 1949~)는 '토테미즘'을 이해하는 또 다른 방식을 제안했다. 그는 토테미즘이 종이나 개체가 아닌, 한 지역과 그 안의 많은 생명체로 구성된 공동체를 기본단위로 하는 존재론과 관련 있다고 생각했다. 이런 해석을 뒷받침하는 예로 현존하는 것 중 세계에서 가장 오래된 문화를 가진 호주 원주민이 있다. 이런 공동체는 특정 바위나 샘 같은 지형을 중심으로 형성되어 있을 수도 있고, 주머니쥐나 사마귀처럼 특정 동물로 나타날 수도 있다.[19]

역사의 현시점에서 근대주의의 인간 중심적 관점은 특히 환경 운동을 비롯한 많은 분야의 공격을 받고 있다. 인간 중심적 관점은 지난 수 세기에 걸쳐 일어난 많은 참상과 재앙의 원인으로 지목되고 있다. 집단 학살에 가까운 북아메리카 원주민 말살부터 핵무기 개발 경쟁에 이르기까지 이제는 너무도 익숙해져서 나열할 필요조차 없는 사건들이 있었다. 가장 최근에는, 근대성으로 인해 지구 역사상 여섯 번째 대멸종이 일어날 것이라고 생각하는 사람들도 많다. 대멸종이 일어나면 현존하는 종의 절반 이상이 사라질 수도 있다. 근대성의 대안으로 환경 중심적 견해와 생명 중심적 견해가 제시되었지만, 대부분은 막연하게 추측한 것에 지나지 않는다.

데스콜라가 제시한 토테미즘의 개념을 통해, 우리는 인간과 특히 공룡을 비롯한 다른 생명체와의 관계가 향후 수십 년 혹은 수백 년 동안 어떤 식으로 구체화될지에 대한 힌트를 얻을 수 있다. 어쩌면 우리는 현재 살아 있는 종뿐만 아니라 과거나 상상 속의 종을 모두 아우르는 공동체의 관점에서 우리 자신을 바라보고 있는지도 모른다. 그리고 이 두 가지 특징을 모두 갖춘 공룡은 당연히 이 공동체에 포함될 것이다. 인류학자인 마셜 살린스(Marshall Sahlins, 1930~)는 토착 문화와 관련하여 이 개념을 '친족은 존재의 상호관계로 성립된다'라는 공식으로 요약했다.[20] 공룡은 유인원처럼 우리와 가까운 생물학적 동족은 아닐지 모르지만, 이런 의미에서 우리의 '친족'이다.

이 책의 시작 부분에서 말했듯이, 신화와 설화를 보면 거대한 파충류가 지배하던 먼 과거에도 시대라는 개념이 흔히 등장한다. 서양의 중세 설화에서 용은 대개 이교도 시대에 홀로 살아남은 존재로 등장했다. 그러나 근대의 공룡 숭배와 가장 비슷한 것은 아마도 호주 토착민의 몽환시일 것이다. 몽환시는 왕도마뱀인 고나와 무지개 뱀처럼 강력한 파충류들이 우리가 알고 있는 세계의 특징적인 모습을 창조한 시대를 말한다. 큰 바위나 개울 같은 지리적 특징은 호주 신화에서 중요한 의미를 지니는데, 그 의미를 현재에 대입해 감각적 즉시성을 더한다는 점에서 공룡 화석이 고생물학에서 지니는 의미와 비슷하다.

약 2천 년 전에 만들어진 고대 호주 원주민의 바위 예술로, 무지개 뱀이 그려져 있다. 호주 노던 테리토리에 위치한 카카두 국립공원의 우비르에 위치해 있다.

그러나 이런 창조는 먼 과거에만 일어난 것이 아니라 세계가 끊임없이 다시 시작되면서 영원히 반복되고 있다. 현대 문화에서의 공룡과 마찬가지로, 무지개 뱀 같은 생명체는 영원한 현재에 속해 있다. 호주의 토착민은 때로 몽환시의 조상 생명체가 공룡일 것이란 생각까지 했다. 퀸즐랜드의 케이프요크 지역에는 알로사우루스를 닮은 '버런조르(Burrunjor)'로 알려진 크립티드(미지의 생물 - 옮긴이)가 있고, 호주 북부와 중부 지역에는 아파토사우루스와 비슷한 '쿨타(Kulta)'로 불리는 초식 생물이 있다고 한다.[21]

'토테미즘'의 개념은 어느 정도 개인의 필요에 맞추어 사용되었을 수도 있지만, 그런 이유로 '토테미즘'이 별 의미가 없다고 생각하지는 않는다. '사랑'이나 '두려

6. 근대성의 토템

움'과 같은 단어도 마찬가지일 것이다. 서로 다른 두 사람이 이런 단어들을 완전히 똑같은 의미로 사용하지 않을 수 있지만, 그래도 그 단어들은 우리가 서로를 이해하는 데 도움이 될 수 있다. 공룡을 '근대성의 토템'으로 여기는 미첼의 생각은 어쨌든 매우 역설적이다. '근대'라는 단어는 새로움을 암시하고, 우리는 공룡을 아주 먼 과거와 연관 지어 생각하기 때문이다. 미첼은 자신보다 앞선 레비스트로스나 20년 후에 등장한 데스콜라와 정확히 같은 의미로 '토템'이라는 단어를 사용하지 않는다. 어느 한 의미에만 매달리지 않는다면, '토템'이라는 단어를 통해 우리는 공룡과 인간 세계 간의 많은 유사점을 발견하게 된다.

우리는 공룡과 인간이 각자 특정한 시대를 '지배'했다고 생각한다. 공룡의 유전적, 형태학적 다양성이 전례 없는 인류의 문화적 다양성에 해당한다고 할 수 있다. 수많은 공룡의 종은 인류의 국가, 부족, 문화, 직업 등과 일치할 수도 있다. 공룡의 난폭함은 다른 종류의 생명체에 대한 인간의 잔인함과 닮았다. 공룡의 크기와 힘은 인간의 지력에 해당한다. 유사점을 인식하고 나면 그것과 비슷하게 극적인 차이점을 떠올리게 된다. 공룡은 1억 7천 5백만 년가량 생존한 반면, 해부학적 현대인은 고작 20만 년을 살아 왔다. 공룡은 이미 멸종했지만, 우리는 현재 핵전쟁과 기후 변화와 같은 다양한 위협에 직면해 있다. 우리는 공룡을 '조상'이라 부를 수 없을지도 모르지만, 우리와 같은 부류의 '큰 형'쯤으로 여기고 있는지도 모른다.

7 멸종

나는 세계의 파괴자,
죽음이 되었다.

J. 로버트 오펜하이머(J. Robert Oppenheimer, 1904~1967),
첫 번째 핵폭탄 실험의 성공을 지켜본 후

'크고 난폭한 데다 멸종되었으니까요.' 공룡이 아이들의 관심을 끄는 이유가 무엇인지 묻는 스티븐 J. 굴드에게 아동 심리학자 셰프 화이트(Shep White)가 대답했다.[1] 간결하지만 함축적인 이 답은 공룡에만 국한된 것이 아니라, 갑옷을 입은 기사나 털북숭이 매머드에도 적용될 수 있다. 그러나 이 답변에는 공룡에 대한 애정이 잘 요약되어 있다. '크다'와 '난폭하다'는 모험에 대한 갈망을 내포하고 있다. '멸종'은 심리적으로 좀 더 복잡한데, 언뜻 앞의 두 특징과 모순되어 보일 수 있다. 실제 죽음을 이해하는 것은 아이에게는 서서히 진행되는 과정이며, 결코 누구도 완전히 끝마칠 수 없는 과정이다. 멸종을 이해하려면 방대한 시간 안에서 시대를 순서대로 따져봐야 하기 때문에 더욱 복잡하다.

종과 멸종의 관계는 본질적으로 개체와 죽음의 관계와 같다. 죽음을 진정으로 이해하는 사람은 없지만, 성인이 되면 오랜 시간에 걸쳐 그 가능성에 익숙해진다. 오늘날에도 대다수의 아이들은 동물을 통해 처음으로 죽음을 접하게 된다. 미국 어린이의 80~90퍼센트가 애완동물이 죽었을 때 사랑하는 이의 죽음을 처음으로 겪게 된다.[2] 공룡은 죽었다는 이유로 세상을 떠난 애완동물의 범주에 속하는 것처

귀스타브 도레, 「레비아탄의 파멸(*The Destruction of Leviathan*)」(이사야서 27장 1절) (1866). 레비아탄은 성경에서 몇 번 짧게 언급되었지만, 유대교와 기독교의 전통에 등장하는 많은 전설의 소재가 되었다.

럼 보이는데, 장난감 회사는 바로 이 점을 이용하여 공룡 장난감을 선보인다.

공룡이 멸종했다는 사실은 어린아이와 어른 모두에게 안전하다는 느낌은 물론 향수까지 불러일으킨다. 나그네비둘기가 세상에 흔했을 때보다 멸종된 지금 우리는 그 새의 진가를 더 높이 평가한다. 과거에 농부들은 나그네비둘기를 농작물에 피해를 주는 동물로 여기곤 했다. 시베리아 호랑이 같은 종들이 희귀해지고 멸종 위기에 놓이기 시작하면 사람들은 그 종을 더 소중하게 여길 뿐만 아니라 거의 신성시하기도 한다. 자연사 박물관은 박제된 동물로 죽음을, 공룡 뼈대로 멸종을 끊임없이 상기시키는 장소로, 사실상 묘지나 다름없다.

멸종에 대한 생각은 늘 존재해 왔다. 헤시오도스는 『신들의 계보』에서 세 가지 실패한 인류 창조물에 대해 이야기하는데, 결국엔 모두가 멸종했다. 철학자 엠페도클레스(Empedocles, 기원전 493~430)는 생명체들의 머리, 사지, 몸통 들이 끊임없이 서로 결합하다 그중 극소수만이 겨우 살아남았다고 말했다. 성서 이야기 중 노아의 방주에서도 멸종이 가능하다는 것을 인정하고 있다. 그렇지 않았다면, 배에 동물을 태워 보존할 이유가 없었을 것이다. 요한계시록에서 짐승은 유황불 붙는 못에 던져지는데(19장 20절), 이것은 멸종에 대한 은유일 것이다. 유대인들의 전설에 따르면 옛날에 수컷과 암컷 레비아탄이 있었다. 레비아탄이 무척 거대하고 강해서 야훼는 그들의 숫자가 늘면 이 세상이 파괴될 수도 있다고 우려했다. 야훼는 암컷 레비아탄을 죽였지만, 홀로 남은 수컷이 외롭지 않도록 매일 해 질 무렵에 같이 놀아 주었다. 세상의 종말이 다가오면 남은 레비아탄마저 죽고 그 고기는 정의로운 사람들을 위한 식사가 되는 것이다.

그러나 이런 일들은 연대순이 아닌 신화적인 시간 속에서 일어났으므로 현대의 의미로는 멸종이 아니었을 것이다. 생명체를 속과 종 같은 범주로 나누는 린네의 분류는 사실상 집단적 불멸성의 이론이었다. 이 분류가 근거로 삼은 것은 생명체들이 영원한 본질을 가지고 있기 때문에 소멸되지 않고, 설사 소멸되더라도 조건이 알맞으면 다시 출현한다는 생각이었다. 19세기까지 많은 사람들이 개체는 태어나고 죽을지라도 개체의 종은 영원히 존속할 것이라고 생각했다. 미국에서 최초로 화석을 수집했던 토머스 제퍼슨(Thomas Jefferson, 1743~1826)은 『버니지아주에 관한 비망록(Notes on the State of Virginia)』(1787)에서 '동물의 어느 한 종족이 멸종되는 것을 자연이 허용한 경우는 없다는 것이 자연의 경제학이다'라고 썼다.[3]

18세기 초반부터 마스토돈과 매머드의 뼈가 미국 식민지 땅에서 발굴되기 시작했고, 이에 제퍼슨은 그 당시 '인코그니툼(incognitum)'이나 '오하이오 동물(Ohio animal)'로 알려진 거대한 동물들이 결국에는 발견될 것이라고 전적으로 기대했다. 제퍼슨은 신세계의 기후로 인해 동물들의 크기가 줄어들었다는 뷔퐁 백작의 이론을 부정했다. 대통령 재임 기간 중이던 1803년에 제퍼슨이 메리웨더 루이스(Meriwether Lewis, 1774~1809)와 윌리엄 클라크(William Clark, 1770~1838)를 서부의 여러 주로 보내 탐사를 지시했을 때 이런 거대한 생명체를 찾길 바라는 마음도 어느 정도는 작용했다. 그러나 그 즈음에 파리에서 조르주 퀴비에가 매머드와 마스토돈의 화석을 연구하고 그 둘을 비교한 뒤 내린 결론은 매머드와 마스토돈이 현재 살아 있는 코끼리와 뚜렷한 유사점이 없고 멸종한 것이 분명하다는 것이었다.

멸종의 이론

실증적인 연구를 중시했던 과학자 퀴비에는 비교 해부학에 대한 독창적인 해석으로 명성이 높았던 반면, 이론에 기반한 추론에는 거의 관심이 없었다. 1803년에 그는 프랑스 한림원의 자연 과학부 사무차관으로 임명되었고 그 직책 덕분에 계속해서 발굴되는 마스토돈, 거대한 나무늘보, 익룡, 모사사우루스 같은 동물의 뼈를 직접 연구할 수 있었다. 퀴비에는 『지구 이론에 관한 소론』에서 동물들이 결국에는 멸종한다는 가설을 발표했고 이것은 '격변설'로 알려지게 되었다. 이 가설에 따르면, 지구에는 단계별로 동물들이 살았는데 지진을 비롯한 잇따른 재난으로

다소 우울한 표정으로 정면을 똑바로 응시하는 조르주 퀴비에. 그가 들고 있는 화석은 죽음의 상징(memento mori)으로, 모든 종이 결국에는 멸종할 수도 있다는 사실을 암시하고 있는지도 모른다.

동물들이 전멸해 더 이상 살아있지 않다는 것이다. 이런 재난 중에 『노아서(Book of Noah)』에 기록된 대홍수가 가장 최근에 발생한 것이다. 노아가 동물들을 구했던 마지막 사건은 예외일 수도 있지만, 재난이 하나씩 지나갈 때마다 새로운 생명이 창조되었다.

퀴비에의 주장이 갖는 과격성과 생명체가 많은 단계로 나누어진다는 발상은 그가 살던 격동의 시대로부터 무의식적으로라도 영향을 받았을 것이다. 그가 사회적으로 자리를 잡고 있던 시기에 프랑스 내부에서는 구체제가 전복되었다. 그 후 프랑스에는 여러 혁명 정부, 나폴레옹 독재 정부, 부활한 부르봉 왕조가 연속해서

7. 멸종 201

등장했다. 퀴비에는 정치와 거리를 두었고 정파가 바뀌어도 자신의 자리에서 나름대로 성공을 거두었다. 혁명과 쿠데타와 정복을 통해 세워진 정부들이 연이어 들어서는 것은 생명체의 역사에서 나타나는 단계와 유사했다. 퀴비에의 말을 빌리자면, '나그네가 기름진 평원을 가로지를 때 (중략) 그리고 그곳이 전쟁으로 황폐해지거나 권력자들의 탄압으로 파괴된 경우를 제외하고 단 한 번도 어지럽혀진 적 없는 땅일 때, 그는 자연도 나름의 내전을 겪어 왔고 연이은 혁명과 여러 재앙으로 지면이 뒤집힌 적이 있었다는 사실을 믿으려 하지 않는다.'⁴ 그러나 폭력과 혁명이 연이어 발생하자 퀴비에는 안정을 갈망했다. 그는 정기적으로 교회에 나가는 독실한 개신교도로, 초기 진화론이 이성과 사회적 결속력에 위협을 가한다고 생각했다.

만약 퀴비에의 생각대로 모든 생명이 재앙으로 인한 연속적인 멸종의 패턴을 따랐다면, 이후 창조된 새로운 생명은 어떻게 설명할 수 있을까? 이것을 명확하게 설명하지 못했기 때문에 퀴비에의 관점이 결국 다윈의 진화론에 밀려나게 되었는지도 모른다. 그러나 바로 그 이유 때문에 오랜 시간에 걸친 신의 개입과 인도를 고려할 여지가 생겼고, 퀴비에의 주장은 전통적인 종교와 자연의 역사를 결합하고 싶어 하는 많은 사람들에게 호응을 얻었다. 19세기에 자연사에 대해 집필한 가장 유명한 작가인 J. G. 우드(J. G. Wood, 1827~1889) 목사는 중생대에 관해 다음과 같이 썼다.

> 거대한 도마뱀들이 육중한 걸음을 내디뎌 땅을 흔들고 질척한 진흙 속에서 뒹굴고 물결 모양을 그리며 미끄러지듯 물 위를 움직이는 동안, 날개 달린 파충류는 늪지대 위로 축축하고 무겁게 내려앉은 독의 증기를 뚫고 날개를 퍼덕이며 나아간다. 그들과 마찬가지로 우리에게도 더 높은 단계의 존재를 향한 전진은 불가피한 일이다. 미약하고 미숙한 존재는 죽어서 새롭고 우월한 피조물을 위한 자리를 만든다.⁵

우드는 자연을 통해 많은 종교적, 도덕적 가르침을 얻을 수 있다고 생각했기 때문에 인류 이전의 세계에 별 관심을 갖지 않았다. 인류 이전의 모든 생명체는 인간의 세계를 준비하기 위해 존재했던 것일 뿐이었다.

그러나 퀴비에가 멸종 이론을 발표한 지 얼마 되지 않아 공룡이 발견된 것은 우연의 일치가 아니다. 사람들이 멸종의 함축적 의미를 깨닫는 데 매우 오랜 시간이 걸리긴 했지만, 멸종은 진화만큼이나 막대한 인류학적 불안을 야기했다고 해도 과언이 아니다. 진화는 종이 어디에서 생겨났는지에 대한 논의이지만, 멸종은 종이 결국 어디로 가는지에 대해 이야기한다. 진화론과 마찬가지로 멸종 이론도 처음에는 인간에게 거의 적용되지 않았다. 다윈은 『종의 기원』에서 인간의 진화에 대한 언급을 교묘하게 피했고, 거의 20년이 지나서야 『인간의 유래(The Descent of Man)』에서 이 이야기를 다시 꺼냈다. 퀴비에 역시 멸종에 관한 이론을 인간에게까지 확대하려는 시도는 결코 하지 않았다. 인간 예외주의라는 의식이 그때까지 뿌리 깊이 배어 있었기 때문에 종이 멸종된다는 것은 상상하기 어려웠다. 아주 가끔 사람들이 노골적이지는 않지만 고뇌와 불안한 웃음이 뒤섞인 어조로 멸종을 언급하는 게 다였다.

이크티오사우루스 교수

영국에서 퀴비에의 이론에 반대하는 주요 인물로는 제임스 허턴과 그 뒤를 이은 찰스 라이엘이 있었다. '동일과정설 지지자'였던 이들은 격변과 파괴의 시기에 기댈 필요 없이, 장기간에 걸쳐 점진적으로 작용하는 자연의 힘만으로도 지구상의 모든 규칙과 불규칙을 설명할 수 있다고 주장했다. 퀴비에가 본국인 프랑스의 역사적으로 혼란스러운 상황에 영향을 받았던 것과 마찬가지로, 허턴과 라이엘도 자국인 영국의 비교적 안정된 상황에 영향을 받았다. 당시 영국은 100년이 넘는 기간 동안 몇 번의 사소한 고비만 있을 뿐 꾸준하게 경제와 군비를 확장하고 있었다. 격변론자와 동일과정설 지지자 간의 논쟁은 비록 이제는 주안점을 어디에 두느냐의 문제이긴 하지만 오늘날까지도 계속되고 있다. 처음부터 두 집단은 공통점이 많았다. 이들이 만든 서사는 예전에는 상상도 할 수 없는 시기까지 확대되었는데, 이 시기의 맨 끝에 가서야 인간이 등장했다. 이들은 자신들의 장대한 통찰력에 몹시 만족했지만, 한편으로는 그 이면의 무시무시한 모습을 외면하려고 자연계 질서의 불변성을 기정사실화하며 애써 안도하고자 했다. 격변론자와 동일과정설 지지자 덕분에 사람들은 19세기 전반에 서서히 나타날 공룡의 '발견'에 미리 대비할 수 있었다.

퀴비에의 본국인 프랑스에서 그의 이론에 반대한 사람들은 당시 '변형론'으로 알려진 진화론의 옹호론자들이었다. 이 중 장 바티스트 라마르크와 후에 등장한 조프레 생 힐레르(Geoffrey Saint-Hilaire, 1772~1844)는 생물체가 멸종한다기보다 다른 무언가로 진화한다고 주장했다. 퀴비에의 격변설은 생명체는 변하지 않는 영원한 본질을 가지고 있다는 생각과 쉽게 양립할 수 있었기 때문에 생각보다 위협적이지 않았다. 초기 진화론은 어쨌든 생물학적 계통이 잠재적으로 불멸성을 지닌다고 여겨졌기 때문이다. 그러나 다윈이 멸종의 개념을 자신의 진화론에 포함시키자, 두 이론 모두 사람들에게 감정적으로 더 큰 위협을 가하게 되었다. 이 두 이론에서는 인간을 포함한 생명체가 취약하고, 영원히 일시적이며 결국 죽어 없어질 수도 있다고 설명했기 때문이다.

셰프 화이트가 공룡을 보고 '크고 난폭한 데다 멸종되었으니까요'라고 한 말을 바꾸어 말하면 '생명력이 매우 왕성하다가 결국 완전히 사라졌다'가 될 수 있다. 삼엽충과 매머드 등 자취를 감춘 다른 생명체들과 달리, 공룡은 발견된 이후로 줄곧 멸종과 밀접하게 연관 지어졌다. 마치 자동차가 등장한 후의 마차처럼, 공룡은 죽음에 이른 듯 보이는 것들을 은유적으로 묘사하는 데 자주 쓰였다. 그러나 사람들이 공룡의 멸종을 반복해서 언급하는 것은 공룡의 존재를 얼마나 그리워하는지를 은연중에 강조하는 것이었다. 공룡에 관한 문학은 머나먼 세상 어딘가에 살아 있을 공룡을 찾거나 공룡이 살던 시대로 거슬러 올라가거나 공룡을 부활시키는 꿈 등으로 끊임없이 채워졌다.

심원한 시간을 인식하게 된 일은 어떤 면에선 당혹스러울 수 있는 역사적 시점에 찾아왔다. 18세기 후반과 19세기는 '위대함'이 '불멸'과 거의 같은 의미로 쓰이던 원대한 야망의 시대였다. 허레이쇼 넬슨(Horatio Nelson, 1758~1805)과 나폴레옹 보나파르트(Napoléon Bonaparte, 1769~1821) 같은 사령관은 전투에서 행동을 통해 불멸을 추구했다. 퍼시 비시 셸리(Percy Bysshe Shelley, 1792~1822), 빅토르 위고(Victor Hugo, 1802~1885), 앨프리드 테니슨 같은 시인들은 글을 통해 불멸을 이루려고 노력했다. 전쟁이나 유명인을 기리는 거대한 기념물들이 청동, 화강암, 콘크리트를 이용해 끊임없이 세워졌다. 하지만 심원한 시간 속에서 이런 기념비가 어떤 의미를 가지기나 할까? 산조차 영원할 수 없다면 파리의 개선문이나 런던의 빅토리아 기념관 같은 구조물이 지속될 수 있을까? 인류조차 영원히 존재하지 못하는데 대영 제국이라고 그게 가능할까?

인간의 운명에 대한 질문은 인간의 근원에 대한 질문보다 훨씬 더 고통스러웠다. 심지어 공룡 같이 당당한 존재감을 뽐내던 생명체가 멸종될 운명이었다면 인간이 예외가 되어야 할 이유가 있을까? 인간의 멸종 가능성은 진화에 대한 논쟁을 더욱 가열시켰다. 만약 종이 영원한 본질을 지녔다면, 종은 영원히 살아남거나 한동안 잊혔더라도 다시 나타날 수 있었을지 모른다. 만약 종이 아주 서서히 등장했고 어느 정도는 우연의 산물이라면, 이런 일이 일어날 가능성은 훨씬 낮고 멸종은 거의 절대적으로 정해진 결말이었다. 공룡은 생각하기조차 두려운 인간의 운명을 추측해 볼 수 있는 본보기가 되었다. 우리와 마찬가지로 공룡은 살아 있는 동안 막강한 존재였지만, 그들이 남긴 것이라고는 뼛조각 말고는 없었다.

고생물학자 헨리 데 라 베슈(Henry De La Beche, 1796~1855)는 1830년에 「끔찍한 변화. 화석 상태로만 발견된 인간, 이크티오사우루스의 재등장(*Awful Changes. Man found only in a fossil state-the reappearance of Ichthyosauri*)」이라는 제목의 풍자적인 석판화를 제작했다. 이 그림에서 이크티오사우루스는 대학 예복을 입고 안경을 쓰고 지시봉을 든 채 책상 앞에 서 있다. 그는 익룡, 원시의 악어, 공룡인 듯한 생물을 포함한 수많은 선사 시대 생명체를 학생으로 두고 강의를 하고 있다. 책상 아래의 돌 밑에는 작은 동굴이 있다. 동굴 바깥 쪽에 해골이 눈구멍을 정면으로 향한 채 섬뜩한 웃음을 지으며 엿보고 있다. 그림 아래에는 다음과 같은 설명이 있다.

강의—'금방 알게 될 것입니다.' 이크티오사우루스 교수가 말을 이어갔다. '우리 앞에 놓인 해골이 하등한 목(目)에 속했던 동물의 것이라는 사실을요. 이빨은 매우 보잘것없고 턱의 힘은 하찮아서 전체적으로 볼 때 이 생명체가 먹이를 구할 수 있었던 것이 놀라울 정도입니다.'

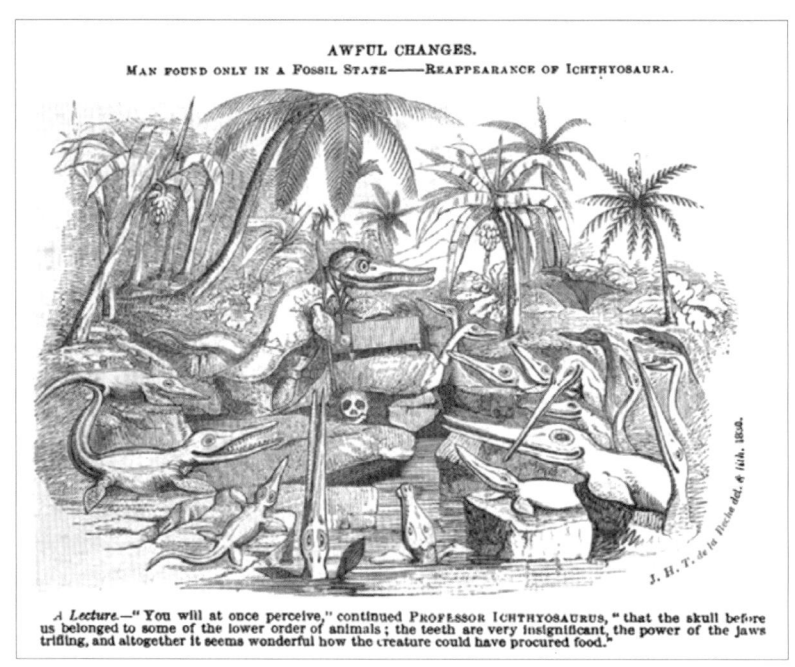

헨리 데 라 베슈, 「끔찍한 변화」(1830). 이 그림은 심원한 시간을 표현하려고 시도한 첫 번째 삽화 중 하나이다. 큰 불안을 유머로 감추려는 이 그림은 인간의 멸종 가능성을 가장 초기에 언급했다.

「이크티오사우루스 교수와 메갈로사우루스 교수 등이 발견한 미래 창조물의 이상적인 인상 (*Ideal Impression of a Future Creation, Discovered by Professors Ichthyosaurus, Megalosaurus, &c*)」 19세기 중반 영국에서 토머스 데라 루(Thomas de la Rue, 1793~1866)가 발행한 익살스러운 연하장. 이 그림은 데라 베슈의 석판화 「끔찍한 변화」에 대한 응답으로 그린 그림이다. 크리스털 팰리스 파크에 설치된 공룡 조각상을 본 방문객들이 결코 속할 수 없는 생경한 세계로 들어서는 느낌을 빗대어 표현한 작품이다.

이런 조롱의 화살은 즉각 찰스 라이엘이 『지질학의 원리(*Principles of Geology*)』에서 언급한 발언으로 향했다. 라이엘은 이 책에서 먼 미래 언젠가는 이크티오사우루스, 이구아노돈, 익룡 같은 선사 시대 동물들이 다시 나타날 수도 있다고 주장했다.[6] 라이엘은 시간의 흐름에는 본질적으로 방향성이 없다고 여겼고, 이런 그의 주장은 빅토리아 시대의 진보 이념과 상충했다.

우스꽝스러운 요소에도 불구하고 이 그림에는 많은 불안이 숨겨져 있다. 만약 빅토리아 시대의 신사에게 이 그림을 보여주었다면 이렇게 말했을지도 모른다. '당연히 사람과 이크티오사우루스를 비교하는 것은 가당찮은 일이지요. 그리고 인간이 멸종할 수 있다는 생각의 모순을 확인하려면, 최근에 인간이 성취한 업적을 보기만 해도 될 겁니다. 증기선, 공장, 철로 같은 것들 말입니다.' 200년 전에 심원한 시간의 존재가 그랬듯이 인간의 멸종은 상상하는 것조차 거의 불가능해 보였을지도 모르지만, 그 가능성에 대한 인식은 막 싹트고 있었다.

인간 예외주의

인간 예외주의의 개념은 빅토리아 시대 문화의 가장 중심에 놓여 있었기 때문에 지적인 훈련으로조차 그 개념을 부인하는 것은 어리석은 일처럼 보였다. 인간 멸

F. 존(F. John), 「프로토로사우루스 스페네리(*Protorosaurus speneri*)」(1900년경). 존에게는 공룡도 지나치게 현대적으로 보일 때가 있었다. 이 그림은 공룡보다 앞선 시대에 살았던 파충류를 그린 것인데, 지구상 모든 종의 약 95퍼센트를 멸종으로 몰고 간 페름기 대멸종에서 살아남은 생명체이다. 존은 황량하고 험난한 풍경과 불타는 듯한 하늘, 때로는 화산을 배경으로, 공룡을 비롯한 다른 고대 동물들의 특징을 살려 그렸다. 그는 이미 20세기 초반에 공룡의 멸종을 인간에 대한 경고로 여겼다.

F. 존. 앞서 설명한 삽화의 뒷면으로, 독일 초콜릿 회사의 광고 카드에 그려진 그림이다. 두 그림 모두 광고치고는 별다른 특징 없이 음울하다. 그림 속 남자는 멸종한 생명체의 뼈를 죽음의 상징으로 여기는데 어쩌면 자신의 죽음이나 인류의 최종적인 멸종까지 생각하고 있는지도 모른다.

종의 가능성을 잠시나마 마주하는 혜안과 대담함을 지닌 몇 안 되는 빅토리아 시대 사람들 중 한 명은 1850년에 『인 메모리엄(In Memoriam)』을 발표한 시인 앨프리드 테니슨 경이었다. 그가 인간 멸종이라는 급진적인 생각을 하게 된 계기는 절친한 친구였던 아서 헨리 핼럼(Arthur Henry Hallam, 1811~1833)이 22세의 나이에 뇌출혈로 갑작스럽게 세상을 떠난 후 찾아온 우울증 때문이었다. 103개의 연과 하나의 발문(跋文)으로 구성된 이 시는 비통과 위안을 변증법으로 풀었다. 시인은 자연, 과학, 종교를 포함하여 불멸이 가능한 모든 형태로부터 위안을 찾고자 했지만 그 무엇도 그를 충족시키지 못했다. 결국 테니슨은 신앙 고백을 하게 된다. 그의 이런 행동이 주저하는 것처럼 보였지만 그간 견뎌온 시련을 생각하면 그의 결심은 확고한 것이었다.

고통에 휩싸인 테니슨은 동시대인들의 사고 범위를 넘어서, 사랑하는 친구뿐만 아니라 전 인류의 죽음에 대해 생각하기에 이른다. 죽음은 계층이나 지위를 구분하지 않기 때문에 그 당시에 '위대한 평등주의자'로 자주 언급되곤 했다. 이런 논리는 멸종에도 똑같이 적용될 수 있는데, 인간이 우월하다고 자만해도 그 사실이 반드시 인간의 멸종 여부에 영향을 미치지는 않을 것이다. 테니슨은 가장 훌륭한 인간이 죽음으로부터 자유롭지 않다면 인간 전체가 멸종에서 제외되어야 할 이유가 있는지 물었다.

이와 관련하여 테니슨은 가장 초창기에 공룡, 혹은 적어도 선사 시대의 거대한 동물에 대해 시적 언급을 했고, 『인 메모리엄』의 56번째 연에서 동물과 인간을 비교하며 다음과 같이 써내려 갔다.

'생물의 종을 그토록 소중히 여긴다고?' 하지만 아니다.
깎아 버린 절벽과 파헤쳐진 돌에서
자연은 부르짖는다, "수천 종의 생물이 사라졌다.
나는 그 무엇도 보살피지 않으니 모두 사라지리라.

그대는 나에게 간청한다.
나는 생명을 가져오고, 나는 죽음을 가져온다.
영혼은 한낱 숨을 뜻할 뿐이다.
나는 그 이상은 모른다." 그리고 인간, 인간은,

자연의 마지막 작품인 인간은 스스로가 아주 어여쁘고
무척 근사하게 의도된 것처럼 보였고,
음산한 겨울 하늘에 찬송가를 울려 퍼뜨렸으며,
헛된 기도의 성전을 지었고,

신이 진정 사랑이라고
사랑이 창조의 섭리라고 믿었다―

비록 협곡에서 이빨과 발톱이 붉게 물든 자연이

인간의 믿음을 저버리며 악을 썼지만—

사랑했던 인간은, 셀 수 없는 고난을 겪었던 인간은,

진리와 정의를 위해 싸웠던 인간은,

사막의 먼지로 흩날려 사라지거나

철의 언덕 안에 묻혀 버리고 말 것인가?

그 이상은 모른다고? 그렇다면 인간은 한낱 괴물이고, 꿈이고,

불협화음이다. 전성기의 용들이,

진창에서 서로를 찢어발기던 소리가,

인간에게 어울리는 감미로운 음악이었으리라.[7]

그렇다면 인간은 결국 산비탈의 석회암으로 둘러싸인 뼈에 지나지 않을지도 모른다. '공룡(dinosaur)'이라는 단어는 아직 만들어지기 전이었고, '용(dragons)'은 용뿐만 아니라 이크티오사우루스와 플레시오사우루스를 비롯한 먼 과거의 거대한 동물까지 일컬었다. 이 시에서 보여지는 심상은 원시 시대 늪에서 거대한 도마뱀들이 영원히 서로를 찢어발기는, 존 마틴과 같은 예술가들이 그려 낸 이미지와 본질적으로 같다.

    그러나 모든 절망과 의심에도 불구하고 이 시는 결코 예의를 저버리지 않는다. 시의 단어들이 문명에 의문을 제기하고 있지만, 안정적인 음보와 각운은 문명의 우월함을 확인시켜 주는 듯하다. 테니슨은 자신을 비롯한 동시대인들이 감정적으로 감당할 준비가 되어 있지 않은 질문들을 던졌다. 그러나 그는 이후 이 질문에 천착하기보다 아서왕의 기사와 여인들에 대한 향수 젖은 과거의 이야기를 써내려 갔다.

부활

크리스털 팰리스 파크의 공룡들이 거의 완성되어 가자, 벤저민 워터하우스 호킨스는 1853년에 자신이 세운 이구아노돈 조형물 안에서 신년 전야 만찬회를 열어 이를 기념하기로 했다. 이구아노돈의 머리 부분에는 주빈으로 초청된 리처드 오언이 앉았다. 만찬은 일곱 개의 코스 요리로 정성스럽게 마련되었고, 식사 후 하객들에게는 어마어마한 종류의 와인이 후하게 대접되었다. 만찬회가 밤 늦도록 이어지자 하객들은 한 목소리로 노래를 부르기 시작했는데, 그 시작은 다음과 같았다.

수천 개의 시대 동안 땅속에서,
그의 뼈는 누워 있었네.
그러나 이제 크고 둥근 몸에
그 안에 다시 생명이 생겨나네!

합창:
아주 오래전 짐승은
죽지 않았네.
그 안에 다시 생명이 생겨나네.

아담의 것인 듯한 그의 뼈는 흙에 싸여 있고,
갈비뼈는 쇠처럼 튼튼하네.
감히 그를 밖으로 나오게 할
살아 있는 야수가 지금 어디에 있을까? [합창]

그의 가죽 아래, 그 안에
살아 있는 사람의 영혼이 있네.

그 안에 다시 생명이 생겨났는데
누가 감히 우리의 공룡을 조롱할까? [합창]

이런 생각은 이어지는 다음 절에서도 울려 퍼졌고, 워터하우스 호킨스는 후에 이 장면을 '함께한 사람들이 격렬하고 열정적으로 크게 합창해서 이구아노돈 떼가 우렁찬 소리로 포효한다고 해도 믿을 정도'[8]였다고 회상했다. 다시 말하면, 이 흥청대던 사람들이 공룡을 다시 살려냈고 사실상 멸종이라는 최후를 부정했다는 것이었다. 그리고 만약 이구아노돈이 멸종을 면했다면 인간도 살아남을 확률이 크다는 것일 수도 있었다. 조금은 고리타분한 과학자와 관료 들이 만들어낸 이런 활기는 빅토리아 시대의 공룡 열풍이 얼마나 뜨거웠는지를 여실히 보여준다.

1853년 제야에 크리스털 팰리스 파크의 이구아노돈 안에서 열린 연회. 실제 살아 있기라도 한 것처럼 이구아노돈의 눈이 정면을 응시한다. 『일러스트레이티드 런던 뉴스(Illustrated London News)』 1854년 1월호.

7. 멸종   213

이 일화는 '쥬라기 공원'의 상상력이 거의 고생물학이 막 생겨난 때부터 존재했다는 것을 보여준다. 가벼운 취중 장난에 불과한 것을 지나치게 논리적으로 설명하는 것 같아 조금 주저되긴 하지만, 이 노래의 이면에는 여러 격렬한 감정이 숨어있는 듯 보이고 그 흥청거리던 사람들이 어떻게 이구아노돈이 아직도 살아있다고 생각하게 되었는지 궁금하지 않을 수 없다. 그들은 이구아노돈의 크기와 힘을 거대한 건축물을 만들 수 있는 인간의 능력과 동일시했고, 이렇게 해서 이구아노돈에 생명력이 발현된 것이다. 또한 하객들은 집단적으로 자신들을 이구아노돈과 동일시하고 그 존재를 인정함으로써 이구아노돈에게 새로운 생명을 부여하고 있다.

적어도 19세기 말까지는 문학에서 공룡을 언급하기만 해도 멸종과 지질 연대라는 주제를 상기시키고 인간 예외주의에 이의를 제기하는 것과 다름없었기 때문에 공룡은 자주 언급되지 않았다. 공룡을 언급한 초기의 문학 작품 중 하나는 1852년부터 1853년까지 찰스 디킨스가 연작으로 발표한 소설 『황폐한 집(*Bleak House*)』으로, 소설의 첫머리에 공룡에 관한 이야기가 나온다.

> 런던. 미컬머스 학기가 끝난 지 얼마 되지 않은 무렵, 대법관은 링컨스인 홀에 앉아 있다. 인정사정 없는 11월의 날씨. 요사이 지구 표면에서 모든 물이 빠져나가기라도 한 듯 거리는 온통 진창이었으니, 12미터가 넘는 메갈로사우루스가 거대한 도마뱀처럼 홀본 언덕을 뒤뚱거리며 올라가는 것을 본다 한들 놀랄 일이 아닐 것이다. 굴뚝 관에서부터 내려온 연기는 함박눈 눈송이만큼이나 큰 그을음 조각과 섞인 채 검은 이슬비가 되어 부슬부슬 내리고 있었으니, 누군가는 태양의 죽음을 애도하는 것이라 생각할지도 몰랐다. 진창 속에서 개들은 분간이 어려웠다. 말이라고 나을 건 없어서 눈가리개까지 진흙이 튀어 있었다.[9]

얼마 전에야 물러간 큰물에 대한 언급은 대변동, 다시 말해 대홍수를 암시한다. 격변론자들은 대홍수로 인해 가장 원시적인 형태의 생명체 일부가 말살되었고 메갈로사우루스 같은 공룡이 등장하게 되었다고 생각했다. 그 뒤에 바로 언급된 '태양의 사망'은 지구상의 인간의 시간은 물론, 태양의 시간조차도 유한하다고 상기시킨다. 그 뒤에는 개, 말, 인간의 모습을 흐리게 하는 런던의 안개가 여러 번 언급된다. 이것은 속담에 나오는 '시간의 안개(mist of time)'로 심원한 시간을 뜻하는데, 그 안에서는 모든 생명체가 어떤 의미에서 동시에 존재하고 메갈로사우루스가 런던의 언덕을 올라간다. 공룡이나 비슷한 생명체가 도시의 거리를 성큼성큼 걷는 모습은 후에 문학이 아닌, 「고지라(Godzilla)」(1954)를 시작으로 수많은 영화에서 사용되었다.

빅토리아 시대의 유명인들은 단편적이나마 공룡이라는 주제를 언급하며 향후 주목할 대상으로 소개했다. 그러나 이 주제는 마치 공룡이 지구상에서 사라진 것처럼 이해하기 힘든 방식으로 문학과 회화를 비롯한 고급 문학에서 종적을 감추었다. 19세기 후반과 20세기 초반에는 쥘 베른(Jules Verne, 1828~1905), 아서 코난 도일, 에드거 라이스 버로스(Edgar Rice Burroughs, 1875~1950)와 같은 통속 소설 작가들이 공룡을 주제로 쓰기 시작했다. 후에 공룡은 「고지라」, 「킹콩(King Kong)」, 「판타지아」, 그리고 「쥬라기 공원」에 이르기까지 셀 수 없이 많은 영화와 대중 프로그램과 전시에서 더욱 각광 받았다. 앞서 말했듯이 공룡은 특히 아이들에게 인기가 많다. 내가 도서관에서 검색한 도서 목록을 기준으로 한다면, 공룡에 관한 책 중 90퍼센트 이상이 아동용 도서이다.

그러나 고급 문학에서 W. B. 예이츠(W. B. Yeats, 1865~1939), T. S. 엘리엇(T. S. Eliot, 1888~1965), 제임스 조이스(James Joyce, 1882~1941), 버지니아 울프(Virginia Woolf, 1882~1941) 같은 뛰어난 작가들이 공룡에 대해 유의미한 언급을 한 예는 찾아볼 수 없다. 그 이유 중 하나는 멸종이라는 주제와 밀접하게 연관된 공룡이 시적 불멸을 열망하는 이들에게는 더 위협적으로 느껴질 수 있었다는 점이다. 작품을 통해 즉각적인 반향을 불러일으키거나 상업적으로 성공하기만을 바라는 작가들은 이를 별로 문제삼지 않았다. 그러나 인간 영속의 조건에 집중하고 눈앞의 황홀함

F. 존, 두 마리의 원시 시대 도마뱀(1900년경). 몹시도 위협적으로 보이는 주황색 하늘은 제1차 세계대전의 서곡이 된 수십 년 간의 종말론적 예기를 나타낸다. 도마뱀 한 마리는 바위 아래에 몸을 숨기고 있고 다른 한 마리는 열을 흡수하기 위해 밖으로 나와있다. 두 도마뱀은 곧 닥칠 위기에 맞서 철수하거나 적극적으로 개입할 인간의 모습과 비슷하다. 둘 중 살아남는 건 누구일까?

에 쉽사리 만족하지 않는 작가들에게 멸종 가능성은 더 난해한 문제였다. 고급 문학 특유의 타협하지 않는 진지함 때문에 공룡과 멸종이 더욱 다루기 어려운 주제였을 수도 있다.

또 다른 이유는 19세기 말부터 적어도 20세기 중반까지의 시대를 지배했던 것이 고급 문화에 퍼진 근대주의였다는 사실이다. 근대주의는 전통과의 연속성과 끊임없는 부활을 모두 강조했다. 에즈라 파운드(Ezra Pound, 1885~1972)가 주장한 '새롭게 하라!'는 근대주의 운동의 슬로건이었다. 공룡이 발견되었을 때 초기 고생물학자들이 공룡을 용으로 분류하려 하지 않았기 때문에 공룡은 전통과 단절되었지만, 그럼에도 불구하고 공룡은 아주 먼 과거를 연상시켰다.

19세기 후반과 20세기 초반에 사진술이 발명되자 시각 예술과 일부 문학에서 현실을 표현하는 전통적인 방식이 도전을 받았다. 사실적인 그림보다 사진이 동일한 정보를 훨씬 적은 노력으로 더 빈틈없이 전달할 수 있는 상황에서, 사람들은 사실적인 그림이 과연 어떤 의미를 갖는지에 대해 의문을 품었다. 그러나 누구도 공룡 사진을 찍을 도리가 없었기 때문에 고생물 예술은 이런 의심을 피해 갔다. 그 결과 고생물 예술은 르네상스 시대부터 이어져온 전통 방식을 유지했지만 근대주의자들로부터 거센 공격을 받았다. 고생물 예술은 인상주의를 비롯한 일부 화파의 영향을 받기도 했으나 미래파나 입체파 화풍의 공룡 그림은 없었다. 고생물 예술에서는 르네상스 시대에 발달한 프레스코와 같은 오래된 기법도 꾸준히 사용되었으며, 가장 유명한 작품으로는 시카고 필드 자연사 박물관에 전시된 찰스 R. 나이트의 벽화와 예일 대학교 피바디 자연사 박물관에 걸린 루돌프 잘링거의 벽화 등이 있다. 전통적인 방식에 대한 고수는 소설에까지 이어졌다.

최근에 조 자밋-루시아(Joe Zammit-Lucia)가 말했듯이, '근대 예술 작품의 가장 일반적이고 전형적인 특징은 예술에서 인간성을 지워버리려는 경향'[10]이다. 미래주의나 입체주의 같은 20세기 초반의 운동은 산업용 기계에 대한 경외심을 반영한 것이었고, 인간상을 인간을 구성하는 요소의 형태로 축소하려는 경향을 보였다. 행위 예술을 비롯하여 이후에 전개된 일들은 어떤 측면에서는 예술에서 인간성을 회복시켰을지 모르지만, 이것들이 강조한 것은 개인보다는 사회였다. 아이러니하게도 고생물 예술, 특히 공룡 묘사는 계속해서 근대주의와 거리를 둠으로써 다른 장르에서 버려진 인본주의적 유산의 요소를 어느 정도 보존할 수 있었다. 공룡을 그린 작품들은 항상 독립된 개체, 다시 말해 특정 공룡에 주안점을 둔다.

고급 문학에서 공룡을 등한시하자 공룡은 사실상 상업 주체에 내맡겨진 것이나 다름없게 되었고, 그 결과 문학가들의 마음에서 더욱 멀어지면서 일종의 악순환이 시작되었다. 미첼에 따르면, '클레멘트 그린버그(Clement Greenberg, 1909~1994)가 말한 "키치(kitsch)"를 가장 잘 보여주는 전형적인 예는 공룡을 이용해 아이들의 호기심과 과거 스타일의 모방을 천박한 상업주의와 결합한 것이다.'[11] 이렇게 근대

루돌프 잘링거의 고생물 예술 작품은 다채로우면서도 은은한 색채와 세심한 세부 묘사로 유명하다. 예일 대학교 피바디 자연사 박물관에 그려진 벽화의 일부.

루돌프 잘링거가 1947년에 그린 벽화로 꾸며진 피바디 자연사 박물관의 공룡관.

문화에서 공룡을 묘사한 작품들이 도외시되자, 이 작품들은 시대를 앞선 주요 문학과 회화 작품에 쏟아진 가차 없는 조사와 해석과 비평을 피할 수 있었다. 공룡에 대한 금기는 고급 문화와 대중문화가 서서히 어우러지기 시작한 20세기 후반까지도 없어지지 않았다.[12]

고지라

이미 19세기에 장 바티스트 쿠쟁 드 그랑빌(Jean-Baptiste Cousin de Grainville, 1746~1805)과 메리 셸리를 비롯한 몇몇 소설가들이 인간 멸종에 대해 다룬 적이 있긴 하지만, 인간 멸종은 이론상으로나 가능한 것처럼 보였다. 연이은 전쟁으로 사망자가 점차 증가하고 결국 과거의 모든 전쟁으로 인한 사망자를 합한 것보다 더 많은 사람들이 목숨을 잃자 인간 멸종은 이전보다 상상 가능한 일이 되었다. 마침내 냉전이 도래하고 미국과 소련이 막대한 양의 핵무기를 비축하면서 인간 멸종은 당장에라도 일어날 수 있는 일처럼 일상에 침투했다.

비키니 환초에서 미국이 최초의 수소 폭탄 실험을 실시한 후 몇 개월이 지난 1954년 3월 어느 날에 '제5후쿠류마루'라는 이름의 일본 어선이 근처를 지나고 있었다. 멀리서 밝은 빛이 비친 뒤 곧 재 가루가 어부들을 뒤덮었다. 어부들 중 최소 한 명이 방사선 피폭으로 사망했고, 시장에서 팔린 생선을 통해 방사선에 피폭된 사람들도 생겨났다. 이 사건은 일본 도시에 투하된 원자 폭탄에 대한 선명한 기억을 또다시 불러일으켰다. 또한 같은 해 말에 토호 스튜디오에서 제작한 영화 「고지라」의 영감이 되기도 했는데, 이 영화는 공룡처럼 생긴 괴수를 통해 핵무기와 전쟁이 내뿜는 예측 불가능한 힘을 표현했다.

구체적으로 고지라가 공룡이라고 이야기된 적은 한 번도 없지만, 고지라는 스테고사우루스의 골판을 가졌고, 전반적인 형태가 티라노사우루스와 비슷하며 이구아노돈처럼 움켜쥘 수 있는 손과 팔뚝을 지니고 있다. 이 영화를 통해 공룡은 민간에 전승된 용에 뿌리를 둔 것으로 인식되었다. 일본의 용처럼 고지라는 주로 바다 밑 깊은 곳에서 살고 네 개의 발톱을 가지고 있다. 일본을 비롯한 동양의 용은 다리를 움직여서 불을 발사하지만, 고지라는 서양의 용처럼 입에서 불을 뿜어내는데 불꽃의 형태가 아니라 방사능 광선이다.

핵실험으로 인하여 깊은 심연에서 깨어난 괴수가 도쿄를 파괴한다. 고지라와 충돌한 기차는 파괴된다. 일본군은 전기가 흐르는 거대한 울타리와 폭탄을 설치해 괴수를 죽이려 하지만 실패하고 만다. 고지라를 연구하고 싶은 과학자들은 고지라를 죽이는 일에 가담하기를 주저하지만, 결국 '수중 산소 파괴제'라는 최후의 무기를 사용하는 데 동의한다. 세리자와 박사는 바다 속에 있던 괴수를 찾아 자신이 발명한 수중 산소 파괴제를 가동한 뒤 스스로 산소 공급을 차단해 괴수와 함께 죽는다. 그는 이 비밀 무기의 파괴력을 아무에게도 알리지 않고 무덤까지 가지고 간다. 핵실험을 멈추지 않으면 또 다른 고지라를 불러올 수 있다는 경고를 끝으로 영화는 막을 내린다. 「고지라」는 큰 성공을 거두었고 이후 다수의 속편도 제작되었다. 그리고 수년에 걸쳐 고지라는 점차 사람들의 공감을 얻게 되었다. 1971년에 개봉한 「고지라 대 헤도라(Godzilla versus Hedorah)」를 비롯한 몇몇 영화에서는 고지라가 인간의 자원 남용에 맞서서 자연을 보호하는 역할로 등장하기도 한다.

미국과 소련 간에 핵전쟁 위협이 불거지면서 암암리에 떠돌 뿐 입 밖으로 내서는 안 되는 주제였던 인간 멸종의 가능성은 모든 사람들이 강박적으로 집착하는 주제가 되었다. 미국 전역에는 언제든 핵전쟁이 발발할 수 있으며 폭탄이 터지기 겨우 10분 전에 사이렌이 울릴 것이라는 이야기가 돌았다. 전국의 학교에서는 아이들이 핵폭발에서 살아남을 수 있을지도 모른다는 희망을 품고 머리를 벽에 대고 서 있거나 책상 아래에 쭈그리고 앉는 공습 훈련을 받았다. 부자들은 핵폭발은 물론이고 굶주린 사람들의 침입에도 끄떡없는 방공호를 만들었다.

서서히 냉전이 사그라지기 시작하면서, 공포가 완전히 사라지진 않았지만 이

아서 코난 도일의 동명 소설을 원작으로 한 영화 「잃어버린 세계(*The Lost World*)」(1925)의 포스터. 남미 정글의 외딴 고원에 살고 있는 공룡들을 발견한 과학자와 모험가 일행이 겪는 이야기를 다룬 영화로, 이후 조금씩 변형되어 수많은 B급 영화와 삼류 잡지 소설의 모티프가 되었다.

도쿄 롯폰기 지역에 세워진 고지라 조각상. 영화에 등장하는 이 괴수의 사납지만 알고 보면 유순한 모습은 동양 신화에 등장하는 많은 사원 수호자와 닮았다.

영화 「고지라」(1955)의 포스터. 이 괴수는 스테고사우루스와 티라노사우루스를 비롯한 많은 공룡의 모습과 민간에 전승된 일본 용의 모습이 결합된 것이다. 영화가 개봉된 후 수십 년 간 고지라는 다른 수많은 영화 속 공룡과 괴수의 모델이 되었다.

전만큼 직접적으로 느껴지지도 않았다. 그러나 인간 멸종에 대한 생각을 금기시하던 분위기는 완전히 사라졌고, 사람들은 인간 멸종이 일어날 수 있는 모든 가능성을 열어놓고 공개적으로 고민하게 되었다. 그중 일부는 상당히 직접적이고 현실적이었던 반면, 나머지는 정도의 차이가 있긴 했지만 이론에 치중해 있거나 심지어는 공상적이기까지 했다. 핵전쟁과 더불어 인간 멸종을 야기할 수 있는 가장 유력한 원인은 기후 변화에 따른 생태계 붕괴였겠지만, 그 외에도 치명적인 유행병, 우주로부터의 침략, 유성과의 충돌 등도 거론되었다.

인간은 생명공학을 통해 사실상 스스로를 파괴하게 될지도 모른다. 유전자를 변형해 전멸하는 것이다. 그리고 멸종은 해석에 따라 반드시 생물학적이지 않을 수도 있다. 만약 우리가 기본적인 감정을 인식할 수 없고 그 누구도 셰익스피어나 히로시게(Utagawa Hiroshige, 1797~1858)를 이해할 수 없는 지경까지 인간의 문화가 변한다면, 그것을 멸종이라 할 수 있지 않을까? 이제는 인간의 정체성이 너무도 모호해지고 인간이 점차 과거와 단절됨에 따라 이런 멸종이 이미 시작된 것은 아닌지 의심스러울 수도 있다. 이런 시나리오가 얼마나 현실적인지에 대한 판단을 내리지는 않겠지만, 분명한 점은 인간으로서 미래에 대해 느끼는 두려움이 팽배하다는 것이다. 역설적이게도 우리는 스스로를 강하지만 한없이 연약하다고 여기며, 이는 우리가 공룡을 바라보는 방식과 다르지 않다.

약 6천 5백 50만 년 전에 거대한 행성이 지구의 유카탄 반도 부근에 추락하여 공룡이 전멸했다는 가설이 1980년대 초반부터 널리 받아들여지고 있지만, 공룡의 수는 이미 수백만 년에 걸쳐 줄어들고 있었다. 그 외에도 공룡의 멸종을 설명하는 많은 가설들이 제기되었다. 그중 하나는 행성이 추락했을 때 현재 데칸 용암대지로 알려진 지역의 화산으로부터 수많은 용융 암석이 파도가 몰아치듯 지구 표면 위로 쏟아졌는데 이로 인해 기후와 지질상의 격변이 일어났고 이것이 곧 대멸종으로 이어졌다는 것이다.[13] 또 다른 가설은 대륙이 육교(land bridge) (대륙이나 섬 사이를 잇는 가늘고 긴 땅 - 옮긴이)를 통해 연결되면서 이전에는 따로 떨어져 있던 동물들이 서로 섞이게 되었고 그래서 질병이 퍼졌다는 것이다. 그 외에도, 공룡 종이 지나치게 분화되어 생물학적으로 쇠퇴하고 새로운 환경에 적응을 할 수 없게 되었다는 가설도 있다. 또한 초기 포유동물이 공룡의 알을 점차 많이 먹게 되면서 공룡이 존속할 수 있을 정도로 충분히 번식하지 못했기 때문에 멸종되었다는 설명도 있다.

각각의 가설을 보면 인류가 직면한 현재 상황을 떠올리게 된다. 만약 행성과의 충돌에 중점을 둔다면 자연과 인간 사회에 존재하는 대부분이 예정된 것이 아니라 우연히 발생했다는 스티븐 J. 굴드의 견해를 확인해 주는 것이다. 만약 공룡 멸종의 원인을 기후 변화로 돌린다면, 생태계에 대한 안일함을 경계하라는 경고가 될 것이다. 동물들의 대규모 이동으로 인한 질병 확산을 이유로 든다면, 이것은 세계화에 대한 경고일 수 있다. 전 세계 먼 곳으로부터 사람과 상품이 계속해서 유입되면 전염병 확산을 부추길 수 있기 때문이다. 인간에 대한 이야기를 빼고 공룡을 논하는 것은 거의 불가능하다.

멸종의 비유

근대에 들어서 종, 문화, 기술, 언어, 속어, 관습, 정치 운동, 패션, 예술 양식, 과학 이론을 비롯한 거의 모든 것들이 등장했다 망각 속으로 사라지는 현상을 사람들이 목격하면서 멸종은 점차 일상이 되었다. 이런 종류의 죽음은 결코 극적인 절정이 아니라 전형적인 정상의 모습이었다. 이로 인해 사람들은 계속해서 혼란에 빠졌고 문화는 어렴풋한 과거의 향수로 물들었는데, 이 향수는 결국 상업적 이익을 위해 끊임없이 이용당했고 근대주의자와 진보주의자 들의 혐오를 받았다. 이런 향수를 능란하게 포착한 작가가 바로 레이 브래드버리였다.

대중 공상 과학 소설가인 브래드버리는 이야기의 배경을 주로 미래로 설정했는데, 현재보다 미래로 설정하는 것이 더 안정되어 보였기 때문이었을 것이다. 본래 이런 방법은 진부한 허구의 이야기를 신선하게 만드는 하나의 방식일 뿐이며, 브래드버리는 기본적으로 공룡을 현대적인 용이라 여겼다. 어떤 시대나 장소가 배경이 되든 그의 소설에서는 대체적으로 20세기 중반 무렵 미국 중서부 소도시에서의 삶이 시간을 초월하여 나타난다. 특히 그의 향수를 자극한 것은 공룡이었고, 그는 공룡의 멸종을 초월적 상태로 만들어 사람들의 뇌리 속에서 공룡이 멸종했다는 사실이 흐려지게 했다.

1951년에 첫 출간된 『안개고동(*The Foghorn*)』에서 브래드버리는 현대의 삶 속에서 끊임없이 노후화되는 시설과 멸종된 공룡을 동일시한다. 바다 위로 빛을 비추어 배에 방향을 알려 주는 등대는 고대로 되돌아가게 해 주는 시설이다. 등대빛은 등대에서 홀로 지내는 등대지기가 예전부터 관리해 왔는데, 등대지기의 삶은 외국 땅에서 진기한 경험을 하는 뱃사람의 삶과 대조된다. 그러나 이미 20세기 중반에 등대가 서서히 자동화되면서 등대지기는 필요 없게 되었다. 이것은 마치 오래된 화물선이 열차와 비행기로 대체된 것과 같았다. 등대는 버려지거나 철거되었고 이런 작업은 이후에도 수십 년 동안 계속되었다. 이 소설이 처음 발간되었을 당시, 등대는 간단히 말해서 '공룡'이 되어가는 중이었다.

『안개고동』의 배경은 등대로, 화자 조니는 등대지기 맥던과 함께 이곳에 머무르고 있다. 날이 저물자 맥던은 이야기를 시작하고 괴물에 관한 이야기가 나오면서 분위기는 정점에 다다른다. 그 괴물은 수백만 년을 살아왔고 같은 종족 중 유일하게 살아남은 존재일지도 몰랐다. 괴물은 지난 이 년 동안 해마다 같은 날 밤에 등대를 찾아왔고 이제 다시 그 날이 다가오고 있다고 맥던은 설명한다. 그런 다음 맥던은 안개고동을 울린다. '영겁의 슬픔과 삶의 덧없음'이 묻어나는 소리였다. 괴물은 바닷속 깊은 곳으로부터 솟아올라 비슷한 울음으로 응답하며 등대 쪽으로 걸어온다. 맥던이 안개고동을 끄자 괴물은 등대를 부수고 바다로 돌아간다. 두 사람은 살아남았고 금세 새로운 등대가 세워졌지만 괴물은 다시 나타나지 않는다. 조니가 이유를 묻자 괴물을 대변하는 것처럼 보이던 맥던이 이렇게 답한다. '가장 깊은 심해로 돌아가서 백만 년을 더 기다리겠지. 아, 불쌍한 것! 인간이 이 보잘것없는 작은 행성에 왔다 가는 동안 거기에서 기다리고 또 기다리겠지.'[14] 괴물은 다시 나타나 자기와 같은 종족을 찾을지도 모른다. 그렇지만 인간이 사라진 후에나 가능할 것이다. 고독하고, 시대에 뒤떨어졌고, 영겁의 차원에서 생각할 수 있다는 점에서 맥던과 공룡은 동족이다.

일 년쯤 후에 브래드버리는 가장 유명한 공룡 이야기라 할 수 있는 『우렛소리(A Sound of Thunder)』를 발표했다. 이번에는 인간들이 심원한 시간을 지나 거대한 조상의 영역을 방문한다. 주인공 에켈스는 '시간 사냥 여행'을 신청한다. 이 여행을 계획한 회사는 여행자들을 과거로 데려가 큰 짐승을 사냥하게 하고 자신이 선택한 동물은 무엇이든 잡아 죽일 수 있게 해 준다. 에켈스는 가장 큰 괴수인 티라노사우루스 렉스를 선택한다. 큰 짐승을 사냥하는 것에 빠지게 되는 이유는 주로 거대한 동물의 생명을 직접 끊으면서 자신의 영향력을 체감하기 때문이다. 그러나 사냥 여행의 가이드인 트래비스는 곧장 에켈스가 결코 영향력을 갖지 못할 것이라고 단호하게 말한다. 과거에서 어떤 변화가 일어나면, 그 변화와 연결된 일련의 사건들이 발생하고 그 사건들은 영겁을 뛰어넘어 계속 이어지게 된다. 따라서 미래가 바뀌지 않게 하려면 사냥꾼들은 반드시 복잡한 규칙을 따라야 한다. 정찰팀에서 사냥감의 목숨이 거의 끊어진다고 판단하면(에켈스가 잡으려는 티라노사우루스는 쓰러지는 나무 밑에 깔리려고 한다) 사냥감에 붉은 페인트를 뿌려 목표물임을 표시한다. 그리고 나서야 사냥꾼은 그 짐승을 쏠 수 있지만 그것도 짐승이 거의 죽어가는 순간에만 가능하다. 사냥꾼은 자신의 '기념물'과 함께 사진을 찍을 수 있지만 사체는 그 자리에 그대로 두어야 하고, 절대로 만들어진 길에서 벗어나 잔디로 들어가서는 안 된다.

에켈스는 티라노사우루스를 보고 잔뜩 겁을 먹은 채 정해진 길을 이탈하고 가이드들이 그를 대신해 공룡에 총을 쏜다. 트래비스는 에켈스에게 몹시 화가 나서 처음에는 그를 중생대에 놓고 오려 했지만, 그 대신 그에게 악취 나는 공룡의 사체에 박힌 총알을 찾아 오도록 시키는 것으로 그를 벌한다. 2055년 현재로 돌아온 여행자들은 많은 미묘한 차이점을 발견한다. 사람들이 영어를 약간 이상한 방식으로 말하고, 대통령 선거에서는 이전과 다른 후보가 당선되어 있다. 에켈스는 자신의 신발을 보고는 나비 한 마리를 밟았다는 사실을 알게 된다. 이로 인해 일련의 심각한 변화가 일어날지도 모를 일이었다. 이런 상황을 알게 된 트래비스는 자신의 총을 들어 에켈스를 향해 발사한다. 아이러니하게도 이 소설의 제목인 '우렛소리'는 티라노사우루스의 포효가 아니라 바로 이 총성이다.[15]

이 소설에는 이상한 점이 많다. 실제로 나비와 잔디 둘 다 공룡 시대에는 존재하지 않았다. 이보다 더 중요한 사실은, 적어도 트래비스의 설명을 근거로 할 때 이 시간 사냥 여행의 전제가 완전히 자의적이라는 점이다. 과거로 거슬러 올라간 여행자들은 공기를 오염시키지 않기 위해 산소 헬멧을 써야 하고 사냥 후에는 총알을 회수해야 하지만, 정작 죽은 동물에 남긴 붉은 페인트 자국은 전혀 신경쓰지 않는다. 트래비스는 에켈스가 고작 길을 이탈한 것 때문에 미래가 바뀔까봐 괴로워하면서도 에켈스를 공룡과 함께 버려두고 가버릴까 고민한다. 그러나 시간 사냥 여행은 정직하지 않은 돈으로 가까스로 유지되는 정체불명의 사업체이므로 이 소설에서 말하는 시간에 대한 이론과 관련 절차를 진지하게 받아들일 필요는 없을 것이다. 이 이야기에 대한 가장 타당한 해석은 과거로 돌아가는 모든 여행으로 인해 현재가 바뀌었고 공룡은 기나긴 인과관계의 반복을 통해 인간 세계에 끊임없이 영향을 주었다는 것이다.

인간을 상징하는 에켈스와 공룡으로 대표되는 적수 사이에는 일종의 토템적 유대가 존재한다. 둘 다 우월성과 취약성을 가지고 있다. 에켈스는 모든 기술적 힘을 가지고 있지만 자유는 없고 끊임없이 두려움을 느낀다. 공룡은 강해 보이지만 곧 쓰러지는 나무에 깔려 죽을 것이고, 눈에 보이지 않는 침입자들이 공룡을 먼저 죽이려고 기다리고 있다. 에켈스가 겁에 질린 이유는 물리적 공포 때문이 아니라 공룡을 통해서 자신의 불안한 모습을 보았기 때문이다. 브래드버리의 두 소설에서 공룡은 인간의 또 다른 자아이고 공룡과 인간은 같은 운명을 가진다. 오래전부터 자신의 도플갱어를 만나면 대개 곧 죽음을 맞이한다는 이야기가 전해져 온다. 맥던은 자신의 도플갱어와의 대면을 피했고 결국 둘 다 살아남는다. 그러나 에켈스는 파충류의 모습을 한 또 다른 자신과 운명을 같이 한다.

마지막 공룡

19세기 중반 무렵 단편적으로 몇 번 언급되다가 고급 문학에서 종적을 감춘 공룡이 어떻게 레이 브래드버리, 아이작 아시모프(Issac Asimov, 1920~1992), 아서 C. 클라크(Arther C. Clarke, 1917~2008) 같은 거장들의 다양한 판타지와 공상 과학 소설의 소재가 되었는지 희한할 따름이다. 어느 한 쪽의 서술 기법이 우월하다고 말하는 것은 아니지만, 대중 문학은 19세기와 20세기 중반의 아방가르드 문학과는 완전히 달랐다. 이 시기의 대중 소설은 갈등이 절정을 향해 치닫다가 해소되는 명확한 구성의 전통적인 서술 방식을 고수했다. 또한 비교적 분명한 관점을 통해 명확히 드러나는 서술 전략을 선보였다. 이에 반해, 근대주의 문학은 구성을 이용해 여러 실험을 하거나 때로는 구성이 완전히 없는 상태에서 실험을 하기도 했고, 한편으로는 복수의 시점이나 모호한 시점으로 사건들을 연결시키기도 했다. 대중 문학이 대체로 문화나 정치와 관련된 거창한 문제를 직접적으로 다루지 않는 반면, 근대주의자들은 이런 문제에 타협하지 않고 대담하게 맞서는 것에 자부심을 가졌다.

이런 차이점은 실존적 안전 문제로 이어질 수 있고 이는 결국 명확한 서사 구조로 나타난다. 명확한 서사 구조는 대중 소설가들에게는 반드시 필요한 것이지만 근대주의 작가들은 애써 외면하는 것이기도 했다. 공룡에게는 이런 대중적인 접근법이 더 잘 들어맞았다. 멸종이나 불멸과 관련된 주제가 잠재적으로 너무도 큰 고통으로 다가와 그 외 다른 방법으로는 다룰 수 없었던 탓이다. 그렇기 때문에 공룡이 고급 문학으로 되돌아온 것은 주목할 만한 사건이다. 1965년에 이탈리아어판으로 처음 출간되었다가 3년 후에 영문판으로 발간된 이탈로 칼비노(Italo Calvino, 1923~1985)의 『우주만화(Cosmicomics)』에 실린 단편 「공룡들(The Dinosaurs)」이 바로 그 사건이다.

칼비노가 이 획기적인 소설들을 쓴 배경에는 모든 근대주의적 혁신에도 불구하고 전통적인 서술 방식이 과학 분야의 발달을 따라잡는 데 실패했기 때문에 그 유용성이 고갈되고 있다는 작가의 생각이 있었다. 공상 과학 소설가로서 칼비노는 과학을 대중화하거나 전통적인 이야기의 소재로 이용하려 하지 않았다. 오히려 공간, 시간, 생물학적 정체성 같은 기본 개념에 대한 우리의 인식이 과학 이론에 의해 어떻게 변화하는지를 탐구하고자 했다. 그가 쓴 모든 이야기는 우주의 기원이나 육지 생명의 출현과 같은 과학적 주제로 시작된다.

『우주만화』의 이야기들은 지구 역사의 모든 단계마다 존재해 온 '크프으프크'라는 발음하기 어려운 이름의 인물에 관한 것이다. 그는 전지적 화자가 아니라 오히려 상처 받기 쉬운 이야기 속의 등장인물이며, 영국의 장수 텔레비전 드라마 「닥터 후」의 주인공인 닥터의 모델일지도 모른다. 크프으프크의 본래 정체성에 대해서는 정해진 것이 없지만, 그의 말에 따르면 5천만 년 동안 공룡으로 살았고 대멸종에서 살아남았다고 한다. 「공룡들」은 크프으프크가 거대한 비버와 약간 비슷하게 생긴 '새로운 주민들', 즉 '판토테리우스' 사이에 있는 자신을 발견하면서 시작된다. 처음에 공룡이 단지 몇 세대의 기억 속에서만 사라졌던 때에 크프으프크는 자신이 겪었던 고난의 기억으로 괴로워하며 그 시기를 되돌아본다. 그러나 새로운 주민들은 공룡들을 두려워한다. 이 감정은 시간이 지나면서 누그러지고 공포는 향수로 바뀐다. 크프으프크는 그가 누구인지 모르는 새로운 주민들에게 어느 정도 인정을 받는다. 새로운 주민들은 그의 힘에 감탄하고 그를 받아들이지만, 그를 가리켜 '못난이'라고 부른다. 그는 '양치류꽃'이라는 암컷과 친구가 되는

잡지 「어메이징 스토리(*Amazing Stories*)」의 표지(1929). 이 잡지는 근대 통속 소설이라는 장르가 생성되는 데 중요한 역할을 했다. 이 장르는 중세와 초기 근대의 통속 소설과 마찬가지로 전통적인 스토리 전개를 유지하면서 가장 기이한 사건들로 사람들에게 충격을 주고자 했다. 그림에서 우주선과 최첨단 무기로 무장한 곤충들은 흡사 우주복을 입은 인간처럼 보이지만, 우리의 감정을 자극하며 더 인간적으로 보이는 것은 티라노사우루스이다.

데, 그녀는 크프으프크에게 계속해서 자신이 꾼 공룡 꿈에 대해 이야기한다. 과거의 공룡들은 때때로 다른 침울한 부랑자들에게 불을 뿜는 괴물이었다. 양치류꽃은 이들에 대해 공포, 연민, 감탄, 가학적 감정을 번갈아 느끼지만 이런 뻔한 태도는 크프으프크에게 진심으로 느껴지지 않는다. 마침내 새로운 주민들은 향수에 젖어 공룡을 생각하고 그들의 소멸을 슬퍼하지만, 그런 뒤 공룡을 완전히 잊기 시작한다.

그러나 공룡은 사라짐으로써 자신의 영역을 넓혀 가고 새로운 주민들과 후손의 머릿속에 더욱 깊숙이 자리 잡는다. 크프으프크는 지나가던 '혼혈'을 만나 덤불 속에서 교미를 한다. 둘 사이에 태어난 새끼는 온전히 공룡이었지만, 스스로는 공룡이 무엇인지도 모른다. 크프으프크는 그래도 괜찮다. 공룡은 자신의 정체가 자기 자신에게조차 숨겨져 있을 때 가장 잘 살아남을 수 있다는 것을 깨달았기 때문이다. 그 무렵 크프으프크는 어떤 도시로 가는 기차를 타고 있었던 것으로 보아 인간의 모습이었을 것이다. 그가 인파 속으로 유유히 사라지면서 이야기는 끝이 난다.[16]

이 책의 모든 이야기와 마찬가지로 「공룡들」이 전제로 하는 것은 개체의 정체성이든 종의 정체성이든 상관없이 모두 유동적이라는 가정이다. 크프으프크는 어떤 의미에서 공룡이었을까? 그가 하나의 존재로 보낸 수백만 년은 하나의 삶일까, 아니면 여러 개의 삶일까? 이런 질문에 대한 답은 찾을 수 없을 뿐만 아니라, 이야기의 흐름을 볼 때 중요해 보이지도 않는다. 공룡을 주제로 한 모든 문학 작품은 고급 문학이든 대중 문학이든 상관없이 마술적 사실주의에 기반한 양식을 차용한다. 이 주제에는 과학이 개입되기 때문에 공룡 문학은 사실주의 소설과 마찬가지로 고도로 구체화된 세부 사항을 반드시 포함해야 한다. 동시에 과학적 지식이 너무도 한정적이기 때문에 공룡 문학은 완전히 공상으로 가득 찬다. 여기에서의 '공룡'은 생물학적 과(科)나 분기군이 아니라, 지구 역사에서 한 시대에 가장 널리 퍼져있었지만 그 시대에만 국한되는 것이 아닌 일종의 영원한 유형이다. 공룡 인간은 해부학적으로는 인간이지만, 오히려 늑대나 고양이 같은 종으로 분류되는

'수인'과 완전히 다르지 않을 수도 있다. 브래드버리의 소설에서와 마찬가지로, 공룡들은 우리, 아니면 적어도 우리 중 일부에 투영되어 인간으로서 살고 있다.

20세기가 서서히 저물면서 인간 이외의 다른 종들이 멸종될지도 모른다는 우려가 커졌다. 다른 종들이 멸종하면 생태계가 붕괴되어 인간에게도 영향을 미칠 수 있다. 과학자들은 현재 우리가 지구 역사상 여섯 번째 대멸종의 한가운데에 있다고 말한다. 얼마나 많은 종이 결국 멸종하게 될지 확실하게 말할 수 있는 사람은 없겠지만, 엘리자베스 콜버트(Elizabeth Kolbert, 1961~)는 양서류의 1/3 이상, 전체 포유류의 1/4 이상, 모든 파충류의 1/5 이상, 조류의 1/6 이상이 향후 수십 년 내에 망각 속으로 사라질 수도 있다고 말했다.[17] 이런 위험에 대해 이야기하는 것은 쉽지 않은 일이지만 무시할 수도 없는 일이다. 우리는 공룡을 언급함으로써 멸종에 관해 조금은 간접적으로, 그래서 덜 고통스럽게 이야기할 수 있다. 과거 공룡이 멸종되었던 시기와 앞으로 멸종이 일어날 수도 있는 시기 간의 유사점이 유독 뚜렷해 보이는 이유는 고래, 호랑이, 코끼리, 코뿔소, 판다, 악어, 재규어 같이 멸종 위기에 처한 동물들이 공룡처럼 크거나 사나운 특징을 가지고 있기 때문이다.

공룡이 너무도 많은 의미를 상징하는 데 사용되어 왔기 때문에 우리가 그 의미를 얼마나 진지하게 받아들이는지 여부와 관계없이 이제 공룡과 인류는 뗄 수 없는 관계에 있다. 생물학적 멸종이 반드시 진화의 끝이 아니라 시작일 수도 있다. 우리는 공룡 덕분에 시간 중에서도 특히 심원한 시간에 대한 생각과 인간 문화에 대한 많은 개념을 정립할 수 있었다. 공룡이 없다면 인간은 완전히 인간적이지 못할 수도 있다. 인간이 없다면 공룡은 여전히 공룡일까? 어쩌면 인간은 완전히 멸종된 후에도 우리가 만든 컴퓨터나 다른 동물에 심어 놓은 인간 유전자를 통해 계속 존재할지도 모른다. 어쩌면 우리가 박물관 전시와 영화에 공룡을 '다시 데려온' 것처럼, 멸종 후 6천 5백만 년이나 6천 6백만 년 후에 어떤 '새로운 주민들'이 우리를 '부활'시킬지도 모른다. 이런 가능성은 너무 먼 이야기라 생각조차 할 수 없을지 모르지만, 우리가 인간이라는 종을 지금까지 진화 과정의 정점으로서가 아니라 생명의 장대한 파노라마의 작은 한 부분으로서 생각한다면 이런 가능성도 생각해봄 직하다.

칼비노의 소설은 개체뿐만 아니라 종이 가진 일시적인 본질에 대한 대화의 장을 열었다. 인류가 반드시 영원한 것은 아니라는 생각은 우리의 집단적 외로움을 달래줄지도 모른다. 죽음은 살아 있는 것들이라면 모두가 똑같이 맞이하는 것이기 때문이다. 그러나 결국에는 죽어야 한다면 우리는 어떻게 죽고 싶을까? 만약 우리에게 남길 것이 있다면 어떤 유산을 남기고 싶을까? 우리의 생물학적 혈통이 우리를 전혀 모르고 우리에게 관심도 없는 다른 종으로 이어지는지 여부가 중요할까?

코네티컷주 뉴헤이븐에 위치한 피바디 박물관 옆에 설치된 6.5미터 높이의 토로사우루스 조각상은 2013년에 조각가 마이클 앤더슨(Michael Anderson)이 이끄는 팀에 의해 완성되었다. 이 공룡은 커다란 화강암 위에 올라 길을 내려다본다. 주변에는 6천 6백만 년 전 토로사우루스를 집요하게 쫓아다니던 수각류의 화석 자국 모형이 있다.

일반적으로 생각하는 '인간적인' 특징은 지구와 우리의 DNA 중 어느 것과 더 깊이 연결되어 있을까?

고인이 된 물리학자 스티븐 호킹(Stephen Hawking, 1942~2018)은 지구를 사람이 살 수 없는 곳으로 만들고 있는 것은 인간이며, 인간 종이 살아남으려면 우주를 식민지화해야 한다고 생각했다.[18] 그가 무의식적으로라도 인간과 공룡의 유사성을 떠올린 것인지도 모른다. 공룡 중 몇몇은 육지를 떠나 하늘로 날아가 멸종을 피한 바 있다. 그러나 생태계가 파괴되고 있는 것을 감안하더라도 멀리 떨어진 행성이 지구보다 인간에게 더 적합할 것이라고 생각하기란 쉽지 않다. 만약 우리가 찾은 행성이 지구와 그다지 비슷하지 않다면 우리는 토양과 공기를 비롯한 거의 모든 것을 다시 만들어야 할 것이다. 만약 행성이 지구와 비슷하다면 그 행성에는 우리

일본 가쓰야마에 위치한 후쿠이 현립공룡박물관 입구 주변에 세워진 조각상. 공룡은 늘 멸종을 연상시킨다. 이 조각상은 유머를 이용해 극심한 불안감을 잠재운다.

가 면역력을 가지고 있지 않은 모든 종류의 잠재적 질병과 독이 있을 것이다. 그뿐만 아니라, 우리가 지구를 떠나면 현재의 우리와 다른 행성에서 살게 될 후손들 사이에는 생물학적 연속성이 매우 제한적으로 나타날 것이다. 인간의 문화에 기여한 많은 식물과 동물 그리고 지구와의 접촉 없이, 우리가 진정 넓은 의미에서 여전히 '인간적'일 수 있을까?

우리가 그토록 공룡에게 동질감을 느끼는 이유는 무엇보다도 인공 지능에 대한 깊은 불안감 때문이다. 백악기가 끝나갈 무렵의 거대한 공룡과 아주 작은 포유동물은 몸집이 큰 현대인과 그가 든 스마트폰과 다소 비슷해 보인다. 그는 아직도 자신이 모든 것을 통제한다고 생각할지 모르지만, 많은 면에서 그를 유도하는 것은 스마트폰이다. 그는 미래 세대에는 스마트폰이 완전히 인간을 대체할 거라 생각하며 두려워한다. 우리는 현재를 '인류세(Anthropocene)' 또는 '인간의 시대'라고 부르지만, 현재는 '디지털 시대'의 시작이기도 하다. 우리를 '인간적'으로 만드는 것은 무엇일까? 한때는 지성이라고 생각했지만 이제는 컴퓨터가 사람보다 더 똑똑해지고 있다. 기술과 관련하여 우리는 구식이 되는 것, 다시 말해 '공룡이 되어가는 것'에 대해 끊임없이 걱정하고 있다.

카미유 플라마리옹의 『인간 창조 이전의 세계』(1886)에 수록된 페르난도 베스니에의 삽화. 중생대와 그전의 모든 생명체가 계층에 따라 배열되어 아담과 이브에까지 이른다.

8 공룡 중심의 세계

저 완전하기 때문에 압도적인 이미지들은
순수한 마음 속에서 자랐지만 어디에서부터 시작되었을까?
쓰레기 더미나 거리 쓸기,
오래된 주전자, 낡은 병, 찌그러진 깡통,
고철, 늙은 뼈, 누더기, 금고를 들고
날뛰는 창녀. 나의 사다리가 사라졌기에
나는 모든 사다리가 시작되는 곳에 누워야만 한다.
마음의 더러운 고물 가게 안에서

W. B. 예이츠, 「서커스 동물들의 탈주(*The Circus Animals' Desertion*)」

특히 진화와 관련해서 인간 예외주의에 대한 믿음이 반대되는 증거가 많은데도 불구하고 끊임없이 이어지는 이유는 무엇일까? 스티븐 J. 굴드가 말했듯이, '진화에 대한 대중의 인식은 인간에게 유리한 쪽으로 편향되었기 때문에, 인간은 신의 모습 그대로 창조된 피조물로서의 고귀한 지위와 거의 다르지 않은, 인간의 중요성을 강조한 해석을 어떻게든 견지하고 있다.' 물론 이것은 굴드가 인간이 생물학적 우연이라기보다 예정된 순서의 진화 과정에서 가장 진보된 산물이라는 주장을 언급한 것이다.[1] 과거에는 물론이고 대체로 지금까지도 진화에 대한 대중적인 설명은 인류를 중심으로 하여 모든 진화 발달 과정을 이야기한다. 여기에는 위험을 무릅쓰고 최초로 육지로 올라간 용감한 물고기부터, 인간의 직립 자세와 불을 다루는 기술에 이르기까지 인간이 한 단계 앞선 존재가 되는 데 기여한 모든 것이

W. M. 패터슨(W. M. Patterson)의 『커지는 세계, 혹은 문명의 진보(*The Growing World, or, Progress of Civilization*)』(1882)의 속표지 그림. 이 그림에서는 생명체의 계층이 우측 하단에서 시작하여 좌측으로 나선형을 그리며 나타나다가 중앙에 보이는 교양 있는 유럽인에서 정점에 이른다. 흥미롭게도 곤충이 양서류와 파충류보다 더 높은 계층인데, 아마도 곤충은 물이 아닌 육지에 살면서 하늘을 날기 때문인 것으로 보인다.

포함된다.

    이 점에 대해서 나는 굴드의 의견에 전반적으로 동의하지만, 공룡은 이런 인간 중심주의의 흥미로운 예외로 존재해 왔다. 우리는 진화가 인류에 이르러 최정점에 다다른 과정이라 여기고 진화를 공룡 이전과 이후로 나누어 해석하지만, 그렇게 하면 공룡 시대 자체가 기나긴 휴지기에 가까워 보인다. 만약 우리가 영겁에 걸쳐 나타난 변화를 인류 진화에 기여했다는 측면에서 평가하기를 계속 고집했다면, 공룡은 자연사에서 대단한 악당이 되고 우리는 공룡 옆에 살던 작은 포유동물을 주인공으로 삼아 이야기를 전개해야 했을 것이다. 다시 말해, 중생대 포유류는 종별로 뚜렷이 구분하고 그들이 어려운 상황에 적응해 가는 방식도 상세히 서술하는 반면, 공룡들은 한데 묶어 작은 포유류를 괴롭히는 거대한 동물로 묘사했을 것이다. 또한 중생대에 대한 이야기를 마치 이집트에 포로로 잡혀간 고대 히브리인이나 골리앗에 맞선 다윗의 이야기인 양 새로 써가며, 포유류가 미약했지만 결국 상대를 물리친 승자라고 묘사했을지도 모른다. 원시 설치류가 꾀를 내어 어떻게 티라노사우루스 렉스를 이겼는지에 대한 우화를 만들었을 수도 있다. 6천 5백만 년 전쯤 유성이 지구와 충돌하여 조류과를 제외한 공룡이 모두 멸종된 것을 신의 심판으로, 혹은 좀 더 세속적으로 말하면 포유류가 해방된 사건으로 기념했을지도 모른다. 어쨌든 공룡이 멸종되었기에 포유류가 널리 번식하고 다양해졌으며 결국엔 인간으로 진화할 수 있었다는 것이다.

    우리가 앞서 열거한 일들을 하지 않았다는 사실은 적어도 겉으로 볼 때 중생대에 대한 우리의 서사가 인간 중심적이지는 않다는 것을 보여준다. 오히려 훨씬 공룡 중심적이다. 사실 우리의 이야기는 공룡에만 중점을 두기 때문에 공룡이 살던 시대의 포유류, 도마뱀, 악어에 대해서는 거의 잊고 있다. 공룡의 멸종으로 인해 인간이 존재할 수 있었다는 사실에도 불구하고, 만약 공룡의 최종적인 멸종이 우리의 내면에서 무언가를 불러일으켰다면 그것은 애석함이나 두려움이다. 공룡이 인간 중심주의로 치우치는 평소 우리의 성향조차 압도하는 위엄을 지니고 있기 때문이다.

이 역설을 이해하기 위해서 우리가 첫 번째로 기억해야 할 점은 인간 중심주의가 겉보기에 서로 모순되는 다양한 형태를 띨 수도 있다는 사실이다. 인간 중심주의는 문자 그대로 '인간을 중심에 놓는다'는 뜻인데, 그렇다면 '인간'은 무엇일까? 때로 유인원은 사람에 포함시키지만 외국인이나 토착인은 포함시키지 않을 때도 있다. 신화와 전통 문화에는 켄타우로스나 인어 같은 인간 - 동물 혼합체와, 셀키나 늑대 인간처럼 인간으로 여겨질 수도 혹은 그렇지 않을 수도 있는 변신 생명체들이 많이 등장한다. 이와 비슷하게 우리는 네안데르탈인이나 데니소바인을 오늘날의 인간으로 간주해야 하는지에 대해 확신하지 못한다. 많은 사람들이 자신의 개를 '가족의 일원'이자 사실상 인간으로 여긴다. 한때 인간의 고유 능력인 줄 알았던 것 이상을 컴퓨터가 복제하면서 공상 과학 소설가와 사변 철학가 들은 컴퓨터가 결국에는 인간의 지위를 갖게 되는 것은 아닌지 의구심을 가졌다. 요컨대, '인간'의 의미는 우리가 당연하게 여길 수 있는 것이 아니다. 인간에 대한 생물학적 정의들은 대개 애매모호할 뿐만 아니라, 우리가 평소에 그 단어를 사용하는 방식과 직접적으로 연결되지 않는다.

우리는 인간 중심주의와 인간 예외주의가 초래한 결과를 비난하는 목소리에 이제 많이 익숙해져 있다. 해부학적으로 '인간적'인 자들이 종종 대량 학살이나 노예 제도 시행 같은 '비인간적'인 행동을 저지르기도 한다. 그렇다면 왜 인간이 멸종되는지에 대해 관심을 가져야 할까? 이런 질문을 하는 것조차 불경스럽다고 느끼는 사람도 있겠지만 막상 답을 구하기는 쉽지 않다. 그러나 다행히도 이 질문을 할 필요는 없다. 우주가 인간의 멸종에 관심이 없을지라도 우리 인간이 관심을 가지고 있기 때문이다. 우리는 비록 인간이 '죄인'이라고 생각하지만 어떠한 대가를 치르더라도 '구원'되어야 한다고 믿는다. 그러나 '인간성'이 무엇이든지 간에 우리가 지나치게 편협하고 제한적인 정의만 고수하지 않는다면 인간성을 지킬 가능성은 커진다. 우리는 동정심, 감정의 복잡함, 초월에 대한 갈망 같은 특징을

카미유 플라마리옹의 『인간 창조 이전의 세계』(1886)에 삽입된 삽화로 페르난도 베스니에의 작품이다. 19세기 후반에 많은 작가들이 그다지 체계적이지는 않지만 다채로운 방식으로 진화와 창조의 요소를 혼합했다. 과거의 멋진 파충류를 내려다보고 있는 원숭이들은 인간과 마찬가지로 공룡이나 플레시오사우루스와 동시대에 살지는 않았지만 여기에서 '인간' 존재를 나타낸다.

성서에 삽입된 귀스타브 도레의 삽화 「세계의 창조(*The Creation of the World*)」(1889). 화가는 왼쪽 끝에 한 생명체를 그려 넣음으로써 진화에 관한 대중적인 해석의 모티프를 차용했다. 공룡을 닮은 이 생명체는 육지에 살기 위해 바다에서 기어 나오고 있다.

'인간적'이라고 여기지만, 이런 특징이 인간의 생태에만 국한된 것은 아닐지도 모른다.

우리는 인간성을 우주의 중심 밖으로 쉽게 밀어내지 못한다. 중심에 무엇을 놓던 그것이 '인간적'으로 변하기 때문이다. 만약 중심에 신을 놓으면 신은 인간의 모습으로 그려진다. 중심에 동물을 놓으면 우리는 그 동물을 의인화한다. 공룡은 어떨까? 공룡은 인간적일까? 많은 측면에서 우리는 종종 공룡을 인간으로 여긴다. 우리가 수백만 년의 기간을 '공룡 시대'라고 부르는 것만 보아도 그렇다. 공룡의 크기는 인간이 이룩한 기술의 규모에 해당하고, 공룡의 생물학적 다양성은 인간의 문화적 다양성에 비견된다. 믿기 어려울 만큼 우리와 다름에도 불구하고 공룡은 먼 과거에 살았던 우리의 분신이다.

'인간성'에 대한 최종적이거나 완전한 정의를 내리는 일은 결코 가능하지 않을 테지만, 인간에 대해 생각할 수 있는 한 가지 방법은 우리가 전통적으로 다른 형태의 생명과 맺어온 관계를 종합해 보는 것이다. 수 세기에 걸쳐 우리는 동물들을 생태적 지위만큼이나 세분화하여 각 동물들과 어울리는 방법을 발달시켜 왔다. 우리는 개가 우리에게 무조건적인 충성심과 사랑을 보여 주길 바라고 잔꾀 없이 우리의 사랑에 보답한다고 믿는다. 뱀은 공포와 경외심이 뒤섞인 감정을 불러일으키며 심오한 지식을 연상시키기도 한다. 사슴은 야생의 자연을 나타내는데, 우리가 땅과 맺고 있는 복잡한 관계는 우리가 사슴을 사냥하는 동시에 보호하는 행동에서 그대로 드러난다. 나비는 망자의 영혼을 상징하기도 하고, 사자는 왕위를 뜻한다. 사실 수 세기 동안 인간과 더불어 살았던 모든 동물들에게는 복잡하고 때로는 상반되는 종교적인 의미들이 덧대진다.[2]

거의 모든 인간의 행동, 관습, 상황과 연관되어 있다는 점에서 전부는 아니지만 일부 동물들은 가톨릭 교회의 성인 같기도 하다. 인간의 문화는 대체로 동물들과의 밀접한 관계와 모방을 통해 형성되어 왔다.[3] 인간 - 동물 관계 분야의 저명한 학자인 도나 해러웨이(Donna Haraway, 1944~)의 말을 빌리자면, '인간은 특별한 협력자 집단이 필요하다. 어느 곳에서 추적해 봐도 인간은 생물, 도구, 그 외 많은 것들과 함께 놓여 있는 관계성의 산물이다.'4 이런 생물에는 공룡도 포함된다. 우리는 공룡의 뼈 말고는 본 것이 없지만, 영겁의 세월을 뛰어넘어 공룡을 이해할 수 있다. 공룡은 우리를 보호해 주는 과거와 미래의 수호자이자, 심원한 시간의 지배자이다. 찰스 R. 나이트나 루돌프 잘링거의 그림에 등장하는 공룡을 보고 과학자들이 시대착오적이라고 평가하고 나서 한참이 지난 후에 그들의 고생물 예술이 반향을 불러일으킬 수 있었던 것은 그 그림들이 단지 공룡에 관한 것만은 아니기 때문이다. 그 그림들은 무엇보다도 시간의 본질과 생명의 발달, 그리고 '인간적'인 것이 의미하는 바에 관한 것이다.

왜 공룡일까?

대부분의 사람들이 거대한 선사 시대 포유동물보다는 공룡이, 털북숭이 매머드보다는 아파토사우루스가, 검치호보다는 티라노사우루스가 더 가까운 '친족'이라고 느낀다. 왜 그럴까? 공룡보다 크거나 작은 부류가 아닌, 정확히 공룡이라는 분류군에 그런 감정을 느끼는 이유는 무엇일까? 범위를 넓혀 조룡은 왜 여기에 포함되지 않을까? 더 좁게는 조반류나 용반류 공룡은 왜 포함되지 않을까? 용각류나 수각류 공룡은 왜 아닐까?

로버트 바커는 대중의 관심이 고생물학 분야에 활기를 불어넣고 우리가 공룡에 대해 가지고 있는 고루한 이미지에 생기를 부여할 수도 있다고 기대했다. 스티븐 J. 굴드도 종종 헛된 꿈이 되고 만다는 것을 깨닫긴 했지만 젊은이들이 처음엔 키치적인 면 때문에 공룡에 끌리다가 점차 진지한 과학적인 측면으로 관심을 옮길 수도 있다는 희망을 품었다. 그러나 고생물학에서의 공룡은 사실 디노매니아에서의 공룡과 막연한 관계 그 이상인 적은 한 번도 없었다. 디노매니아의 공룡은 분기군(공통의 조상에서 진화한 생물군 - 옮긴이)이라기보다는 하나의 전형에 가까워지고 있다. 고생물학에서의 공룡이 디노매니아의 공룡에게 과학적 타당성을 부여했고, 그 결과 공룡 관련 박물관과 연구에 많은 자금이 유입될 수 있었다. 이 둘은 공생 관계에 있지만 현재에도, 과거에도, 미래에도 결코 같진 않다.

과학적인 전문 용어와 그와 관련된 개념적 틀은 매우 구체적인 목적을 위해 만들어진 것이므로 일상적으로 사용될 수 없고 사용되어서도 안 된다. 과학적 범주가 일상적인 대화에 쓰인다면 결코 이해될 수 없다. 만약 누군가 지금 몇 시냐고 묻는다면, 시와 분으로 된 답을 원하지 세슘 원자의 진동을 계산하여 얻은 답을 기대하지는 않을 것이다. 분기학의 관점에서 '물고기'라는 단어는 민속 분류법에 속할 수도 있지만, 그렇다고 일상적인 대화에서 그 단어를 금지하지는 않는다. 모든 분기군은 동물과 그 자손들을 포함하기 때문에, 많은 진화 생물학자가 분류 기준을 엄격하게 적용하여 새를 공룡에 포함시킨다. 그러나 이들이 '공룡'이라고 말하는 대부분의 경우에는 아무리 과학자라 해도 새를 포함시킬 가능성은 낮다. 박물관에서 공룡과 조류는 각각 다른 구역을 차지한다. 캐롤 계숙 윤(Carol Kaesuk Yoon)이 말했듯이, '비록 우리가 늘상 진화론적으로 타당한 분류에 사용되는 최신 용어를 듣고 보았지만 생명에 대한 이러한 시각은 지금도 그렇듯 여전히 생경하게 느껴질 것이다.'[5]

분류는 사실의 문제가 아니라 편의와 분석의 문제이다. 분류상의 모든 체계는 경험을 해석한 것인데 그 속에 가설을 내포하고 있다. 인간은 무엇일까? 앞서 언급했듯이, 확실한 답을 아는 사람은 아무도 없다. 그렇다면 공룡은 무엇일까? '크고 난폭하고 멸종되었다'가 가장 훌륭한 정의일 수도 있다고 생각한다. 캐롤 계숙 윤은 하나의 기준을 적용해 생명체의 분류를 표준화하려고 애쓰기보다는 다양한 분류 체계에 마음을 열어 둘 것을 제안했다. 만약 우리가 생물학자들이 현재 유일하게 정확하다고 여기며 선호하는 체계인 분기학 같은 하나의 기준만을 고수한다면 우리는 스스로 상상력을 제한하게 된다. 그뿐만 아니라 분류 체계가 너무 모호하기 때문에 자연계에서 감각적으로 발현되는 것들로부터 우리 자신을 점차 분리하게 된다.

사람들은 불멸에 대해 다양한 개념을 가지고 있으며, 어떤 사람들은 자신의 영혼, 행위, 글, 기억 등을 통해 계속 살아 있음을 증명하기도 한다. 분기학에도 불멸에 대한 개념이 존재하는데 이것은 계통을 통해 설명된다. 동물은 조상에 따라 정의되므로, 여전히 새는 공룡이고 인간은 유인원이다. 동물은 이런 계통이 죽어 없어진 경우에만 멸종된 것으로 간주된다. 이것은 근본적으로 종교적인 발상이며 모든 사람을 만족시키지는 못한다. 과학자들에 따르면 물고기처럼 생긴 틱타알릭(Tiktaalik)은 육지에서 처음으로 대량 서식했던 동물인데, 다양한 종류의 유전적 자손을 많이 생산해 냈으나 현재는 존재하지 않는다.

분기학에서 정의하는 친족의 의미는 사실 굉장히 제한적이어서, 우리가 일반적으로 이해하고 있는 친족은 대부분 여기에 포함되지 않는다. 반드시 혈족과 가장 강한 친밀감을 느끼는 것도 아니다. 사실 배우자나 심지어 친구와 더 큰 친밀감을 느낄 수도 있다. 또한 침팬지보다 인간의 감정을 읽는 데 뛰어난 개와 더 강한 친밀감을 느낄 수도 있다. 많은 사람들이 나비부터 거북이에 이르기까지 어떤 특정한 종류의 동물과 자신을 동일시하며 강렬하면서도 상당히 개인적인 친밀감을 느낀다.

캐롤 계숙 윤은 자신의 접근법이 도출한, 얼핏 모순적으로 보이는 결과를 기꺼이 받아들인다. 그녀의 말에 따르면, '인간의 환경(예컨대 지각과 관련된 환경)을 진정으로 되찾기 위해서 (중략) 우리는 고래를 물고기 이상으로 이해할 필요가 있다. 놀랍고 터무니없어 보이는 모든 가능성을 기꺼이 맞아들일 필요가 있는 것이다. 화식조를 포유류로, 난초를 여뀌로, 박쥐를 새로 이해해야 한다.'[6] 우리는 생명체를 신체, 행동, 지리, 심리적 특징이 아닌 생물학적 혈통만을 기준으로 분류함으로써 우리의 감각적 경험에서 생명체를 제거해 버린다. 그런 다음 생명체의 생기가 결핍된 부분을 전자 장치의 속임수로 채워 넣고 대량 생산된 공상으로 개인의

귀스타브 도레의 「아스톨포가 길에서 만난 괴물들(Monsters in Astolfo's Path)」로, 루도비코 아리오스토(Ludovico Ariosto, 1474~1533)의 『광란의 오를란도(Orlando Furioso)』(1877)에 삽입된 삽화이다. 19세기 후반에 공룡이 발견된 사건은 이미 사람들이 괴물을 상상하는 방식에 영향을 미쳤다. 왼쪽 끝에 보이는 생명체는 분명 아파토사우루스나 다른 용각류 동물이었을 것이다.

창조성을 억누른다. 여러 분류법과 그에 따른 분석적 체계를 열린 마음으로 포용하면 하나의 분류법이 가진 것 이상의 현실을 만날 수 있다.

많은 생명체들이 생물학적으로 밀접하지 않아도 수렴을 통해 비슷한 특징을 발달시킨다. 박쥐와 나비는 새처럼 공중을 날아다닌다. 도롱뇽이 자신의 몸길이보다 더 길게 혀를 쭉 내밀어 곤충을 잡는 모습은 카멜레온과 매우 비슷하다. 모방을 통해 비슷한 특징을 발달시키는 동물들도 있다. 총독나비는 제왕나비와 거의 같은 모양의 날개 무늬를 발달시켜서 마치 제왕나비와 같은 독성 물질을 가지고 있는 것처럼 잠재적 포식자들을 속인다. 결국 서로 다른 종이라도 밀접한 상호작용을 통해 비슷한 특징을 발달시킬 수 있다. 개와 사람의 감정 표현 방식이 서로 비슷한 것도 여기에 해당한다.

인간성을 더 잘 이해하려면 DNA 가닥이 아니라 생태적, 역사적 지위와 같은 일련의 관계로서 인식해야 할지도 모른다. 이런 관계에는 현재 살아 있는 생명체뿐만 아니라 미래와 과거의 생명체와의 관계도 포함된다. 인간과 공룡의 교류는 수백만 년이라는 시간을 뛰어넘어 일어나고 있지만 상호적이지는 않다. 우리가 공룡을 접한 것은 주로 그들의 거대한 뼈를 통해서였고 이후 공룡을 용, 신, 악마로 상상해 왔다. 우리는 남몰래 공룡의 특성을 모방하고 전설 속에 등장하는 공룡에 감정을 이입했을지도 모른다. 우리는 공룡과 비슷한 능력을 발달시켰을 수도 있다. 많은 의미에서 공룡은 우리의 '가장 가까운 친족'이었을지도 모른다.

근대가 시작될 무렵 과학자들은 공룡에게 이름을 붙이고 묘사하기 시작했는데, 이 시기에 유럽계 미국인 지식층은 대체로 용의 존재를 더 이상 믿지 않게 되었다. 이로 인해 공룡은 설화에 나오는 용의 다듬어진 형태가 아니라 완전히 새로운 '발견'인 것처럼 보였다. 초기 연구자들은 용과 공룡의 연속성은 물론, 더 넓게는 신화와 과학의 연속성마저도 모호하게 만들었다. 그리스 로마 신화의 카드모스부터 성 게오르기우스에 이르는 영웅들이 용을 죽이고 근대 시대를 열자, 통속 소설과 비디오 게임의 영웅들도 공룡을 죽였다. 공룡과 용은 다시 한번 대중문화에서 서로 뒤엉켜 버렸다.

적어도 어떤 목적을 위해서는 공룡이 크고 난폭하지만 반드시 멸종한 것은 아니라고 여겨야 할지도 모른다. 디노매니아 같은 현상을 이해하기 위해서는 '공룡'을 더 넓은 의미로 이해할 필요가 있으며, 고생물학자들이 그 의미를 결정하는 유일한 주체가 되어서는 안 된다. 어쩌면 크리스털 팰리스 파크가 생겨난 이후 이미 오랫동안 만연해 있던 상황을 그저 인식만 하면 되는 일일 수도 있다. 모든 맥락을 만족시키는 '공룡'의 정의는 없겠지만, 생물학적 측면에서뿐만 아니라 생태학과 전통, 그리고 인간의 집단적 상상의 측면에서도 공룡을 이해하는 방식을 고려해 볼 필요가 있다.

이런 태도의 전환은 최근 미확인 생물 연구에서 나타난 진전과 비슷하다. 얼마 전까지 미확인 생물 연구는 설인이나 큰 바다뱀 같은 반전설적인 동물의 존재를 연구하는 데 큰 비중을 둔 학문으로서 그다지 중요하게 여겨진 분야가 아니었다. 설인이 인류의 조상이든, 곰이든, 원숭이든, 환영이든, 혹은 완전히 다른 그 무엇이든, 어떠한 형태로 존재한다는 것은 분명하다. 근대 서양을 제외한 문화권에서는 설인을 서양인으로서는 이해하기 어려운 존재론적 측면에서 접근했을지도 모른다. 이들 문화권에서는 인간과 원숭이나 곰을 구분할 때 서양과 같은 방식을 적용하지 않거나 명확하게 구분하지 않았을 수도 있다. 더 나아가 서양과는 다른 방식으로 시공간과 의식을 다루었을지도 모른다. 설인의 지위와 기원은 관련 전설의 일부분일 뿐이며, 이외에도 더 불가사의하거나 흥미로운 부분이 많다. 미확인 생물 연구자들은 더 다양한 질문과 존재론에 포용력을 발휘함으로써 이 분야에 다시 활력을 불어넣고 새로운 지위를 부여했다.[7]

앞서 언급했듯이 상당수의 미국인이 공룡과 인간이 같은 시기에 존재했다고 생각한다. 이런 사실은 의심할 여지없이 미국 교육의 매우 중대한 실패를 보여준다. 그러나 이를 바로 잡겠다고 분기학적 측면에서 공룡에 접근하도록 대중을 설득하거나 강요해서는 안 된다. 그보다는 사람들이 스스로 다양한 존재론의 차이를 구분하도록 해야 한다. 그렇게 하면 가장 사실에 충실한 의미에서는 공룡이 인간과 동시대에 존재하지 않았지만, 마찬가지로 중요한 다른 의미에서는 동시대에존

얀 소바크 「토르보사우루스와 브라키오사우루스(*Torvosaurus and Brachiosaurus*)」, 2006년경. 대부분의 고생물 예술가들은 지금도 공룡이 우리와는 완전히 다르다는 것을 강조한다. 그러나 이 그림은 다소 '인간적'인 느낌을 더했다.

유타주의 관광 홍보 광고, 1960년경. 다른 모든 것들은 당시 시대를 반영하고 있지만 유독 공룡과 아메리카 원주민은 이상화된 과거의 일부로 그려졌다.

재했을 수도 있다는 것을 사람들이 제대로 인식할 수 있게 된다. 또한 앞서 언급했던 대로 공룡에 관심 있는 사람들 대부분은 어떤 방법으로든 공룡과의 조우에 대한 환상을 가지고 있는데, 이들도 거짓 주장에 빠지지 않고 이런 욕구를 충족할 수 있게 될 것이다.

고생물학자가 공룡 열풍의 주창자가 되어서는 안 된다. 이들이 특별한 영광의 자리에 있어야 하는 것은 맞지만, 문화적, 지적 맥락에서 공룡을 바라보려고 애쓰는 예술가, 작가, 철학자, 공룡의 열성 팬들과도 이 자리를 공유해야 한다. 그러면 과학자는 자신의 권한을 상업주의에 쉽게 넘길 수 없게 될 것이고, 또한 150년에 걸쳐 형성된 키치로부터 공룡을 해방시킬 수 있을 것이다. 박물관 기념품 매장에서는 공룡 장난감에 할애하는 공간을 조금 줄이고 그 자리에 레이 브래드버리와 이탈로 칼비노 같은 작가들의 책이 비치될지도 모른다.

공룡이 없다면 인간은

공룡은 어떻게 생겨났을까? 이 질문에 대해 생각할 때조차 우리는 스스로를 과거에 데려다 놓고 가상의 관찰자가 되어야 한다. 이런 이유에서 가장 사실적인 정보에 근거하여 공룡을 묘사하거나 그린 것조차 공상 과학의 요소를 띨 수밖에 없다. 공룡이 살던 환경을 경험하는 것이 불가능하기 때문에 당연하게 여길 수 있는 것은 거의 없다. 그 당시의 기후와 공기에 우리의 감각은 어떤 영향을 받을까? 그 세계에서 우리는 심리적으로 어떻게 반응할까? 공룡을 묘사하는 목적은 우리의 상상력을 과감하게 펼쳐보기 위해서이다. 어쩌면 우리가 재현하는 모든 것이 대부분 공상이고, 과학적 근거는 보다 간편하게 불신을 불식시키기 위한 하나의 방편으로 쓰이는 경우가 많다.

사고 실험의 하나로 공룡이 없는 세계를 상상해 보자. 공룡이 애초에 존재하지

태국 치앙마이에 위치한 공룡 마을. 현대 문화에서 공룡은 공상과 과학 사이에 위치해 독특한 역할을 한다.

않아서 초기 포유동물(실제로 공룡과 비슷한 시기에 생겨났거나 조금 일찍 나타났다)이 생존 경쟁을 거의 겪지 않았다고 해 보자. 그 결과 인간이 우리가 생각하는 것보다 대략 1억 7천만 년 전에 등장했다고 하자. 어쨌든 모두 상상이므로, 책과 예술, 과학, 기술을 포함한 인간 문화가 지금의 발자취를 따르며 꾸준히 발달해 왔다고 가정해 보자. 유일하게 다른 점은 과학자들이 먼 과거를 재현할 때 공룡이 등장하지 않는다는 것이다. 이런 상황이었다면 인간이 스스로를 진화 역사의 정점이라 상상하는 것이 훨씬 쉽기 때문에 인간의 오만이 지금보다 더 극단으로 치닫게 되었을지도 모른다.

하는 김에 이번에는 포유동물이 없는 세계를 상상해 보자. 공룡은 멸종되지 않았고, 어쨌든 공룡은 대부분 두 발로 걸었고 온혈 동물이었을 수도 있으니 인간이 공룡의 직접적인 자손이라고 가정해 보자. 그랬다면 진화론이 저항에 부딪히는

칼 부엘(Carl Buell)의 그림(2012년경). 왼쪽 아래에 있는 작은 공룡은 2008년에 미국의 제44대 대통령의 이름을 따서 오바마돈 그라실리스로 명명되었다. 이 공룡은 생각에 잠긴 채 포식자가 힘겹게 먹잇감을 잡으려는 모습을 지켜보고 있다. 뒤에는 모두를 죽음으로 몰아갈지도 모를 소행성이 지구를 향해 다가오고 있다.

일이 훨씬 적었을 것이다. 우리의 조상이 이미 많이 들어온 대로 원숭이라고 한다면 나쁘지 않다고 생각하겠지만, 공룡이라고 한다면 훨씬 멋지다고 생각할 것이다. 사람들은 공룡이 어떻게 인간으로 '퇴화'했는지 궁금해 할 것이다. 과학자들은 어떤 공룡이 인간의 조상인지에 대해 논의할 것이다. 티라노사우루스 렉스가 조상이라고 주장하는 사람들은 인간으로서 자부심이 지나치다고 비난 받을지도 모른다.

마지막으로 포유류든 파충류든 조류든 어떤 유형의 인간도 없는 세계를 상상해 보자. 공룡이 다른 형태의 생명체와 함께 6천 5백만 년 이상을 더 진화하여 인간이나 인간의 문명과 큰 유사성이 없는 새로운 형태의 생명체를 끊임없이 만들어 냈다고 가정해 보자. 그러면 인간은 또 하나의 실현되지 않은 가능성, 즉 '생길 수도 있었던' 것이 되었을 것이다. 이것은 마치 다 큰 어른이 만약 다른 직업을 택했더라면 어땠을지 상상하는 것과 별반 다르지 않다.

그렇다, 이것은 공상이다. 이런 이야기가 약간은 농담처럼 들리겠지만, 공상은 우리가 인간으로서의 운명을 받아들이려고 애쓰는 하나의 정당한 방법이다. 이런 시나리오가 사고 실험인데, 우리의 상상력을 확장하고 어쩌면 우리의 가치를 분명하게 하기 위해 고안된 것일 수도 있다. 공룡은 우리가 다른 세계를 상상하고 새로운 가능성을 탐구하도록 격려한다. 이런 식의 전혀 다른 진화적 상상을 통해서 우리는 인간으로서의 정체성을 정립하는 데 공룡이 반드시 필요하다는 사실을 알게 된다. 진화에 의해 발생한 모든 동물 중에서 공룡은 아마도 인간과 가장 큰 유사점을 지녔을 것이다. 이런 이유에서 우리는 뒤따라올 모든 두려움과 본성과 모호성을 감수하면서까지 '인간은 공룡이다'라고 말하는 것인지도 모른다.

실제로 과학을 이끄는 것은 경이감이지만, 경이감은 과학에 의해 끊임없이 소진된다. 고갈된 경이감은 새로운 발견들로 다시 채워져야 한다. 경이감은 인식의 순간에 찾아온다. 이 순간에 기존의 분석 체계가 해체되면서 연구자들이 일반적으로 추측했던 것보다 훨씬 더 방대하고 복잡한 현실이 드러난다. 경이감이 사그라지는 이유는 우리가 기존의 이론을 새로운 이론으로 대체하면서 가능성을 제한하고 다시 지루한 일상으로 돌아가기 때문이다. 경이감은 끊임없는 혁신을 필요로 한다. 우리가 꽤 간단한 경험을 바탕으로 만든 복잡한 이론적 구조를 잠깐 동안 생각한다고 해서 경이감이 만들어지는 것은 아니다. 과학이 깨어 있기 위해서는 끊임없이 근원으로 돌아가야 한다. 공룡 연구에서 근원은 원시의 뼈이다.

나는 이 책에서 공룡이 발견된 이후 영원히 키치 속에 갇히게 된 과정을 상세히 기록했지만, 인간의 우월감을 부추기려는 의도는 없다. 공룡을 비판하려는 것도 아니고, 공룡과 관련하여 생긴 관습을 그저 비난하려는 것도 아니다. 물론 요즘은 내가 편안하게 느끼는 수준을 훨씬 뛰어넘긴 하지만 나 자신도 적당한 수준에서 공룡에 대한 키치를 즐긴다고 기꺼이 말할 수 있다. 그러나 내가 이 문제를 언급한 이유는 진짜에 다가서기 위해서는 상업성과 얽혀 있는 이 모든 소란을 거쳐 가는 과정이 필요하다고 생각했기 때문이다. 지금까지도 나의 기준이 되는 것은 박물관에서 처음 대면했던 가장 단순한 모습의 공룡 전시물이다. 그것은 어떤 현란한 광고도 없이 관람객들의 손길을 허용하며 시카고 필드 자연사 박물관에 전시된 거대한 공룡 뼈였다.

감사의 글

이 책의 원고를 꼼꼼히 읽고 소중한 제안과 수정 사항을 아낌없이 제시해 준 나의 아내 린다에게 고마운 마음을 전한다. 그리고 이 책에 대한 믿음을 보여 준 리액션 북스(Reaktion Books) 담당 팀에게도 감사의 인사를 드린다. 이 책은 나의 어린 시절을 다시 만나게 해 주었고, 불가피하게 언급하지 못하고 심지어 인지하지도 못했던 마음의 빚을 생각하게 해 주었다. 모두에게 '고마운 마음'을 전한다!

그림 및 사진에 대한 감사의 글

아래의 삽화 자료 출처와/또는 복제 허가에 대해 감사한 마음을 전하고자 한다.

알라미: pp.97(사진 12), 129(자연사 박물관, 런던), 149(에버레트 컬렉션 주식회사); 스콧 로버트 안셀모: p.102; 타라블라즈코바: p.180; 칼 부엘의 허가 하에: pp.169 상단과 하단, 254; 알레시오 다마토: p.113; 제리 앤 로이 클로츠MD: p.218 상단; 미국 의회 도서관, 워싱턴 D.C.: pp.41, 141, 192; 주드 맥크레인: p. 133; 메트로폴리탄 미술관, 뉴욕: p.27(엘리샤 휘틀지 컬렉션/엘리샤 휘틀지 재단, 1949); 톰 페이지: p.117; 렉스 셔터스톡: p.222 하단(무비스토어 컬렉션); 닉 리처즈: p. 121 상단; 보리아 색스: pp. 13, 185, 188, 218 상단, 233; 셔터스톡: pp. 11(슈자_777), 23(프레드라그 세펠), 75(지우레크), 131(알레도사스), 143(노르 갈), 177(루크79), 195(오스트레일리안 카메라), 222 상단(크노트 미라이), 234(AKKHARAT JARUSILAWONG), 253(수바트 본크함); 이언 라이트: p. 121 하단

참고 문헌

1 | 용의 뼈

1 Gail F. Melson, *Why the Wild Things Are: Animals in the Lives of Children* (Cambridge, ma, 2001), p. 152.

2 Tom Rea, *Bone Wars: The Excavation and Celebrity of Andrew Carnegie's Dinosaur* (Pittsburgh, pa, 2001), p. 8.

3 Martin J. S. Rudwick, *Scenes from Deep Time: Early Pictorial Representations of the Prehistoric World* (Chicago, il, 1992), p. 237.

4 Adrienne Mayor, *The First Fossil Hunters: Paleontology in Greek and Roman Times* (Princeton, nj, 2000), pp. 177–8.

5 Judy Allen and Jeanne Griffiths, *The Book of the Dragon* (Secaucus, nj, 1979), p. 90.

6 Mayor, *Fossil Hunters*, pp. 15–53.

7 Ibid., pp. 195–202.

8 Allen and Griffiths, *Book of the Dragon*, p. 36.

9 Pranay Lal, 'The Fascinating History of When Rajasaurus and Other Dinosaurs Roamed the Indian Subcontinent', https://qz.com/866159, accessed 4 July 2017.

10 Herodotus, *The Histories*, trans. Peter B. Willberg (New York, 1997), pp. 37–8.

11 Harold Gebhardt and Mario Ludwig, *Von Drachen, Yetis und Vampiren: Fabeltieren auf der Spur* (Munich, 2000), p. 202.

12 Willy Ley, *Dawn of Zoology* (New York, 1968), p. 193.

13 Gebhardt and Ludwig, *Von Drachen*, p. 203.

14 Ibid., p. 42.

15 Ibid., p. 205.

16 R. H. Marijnissin and P. Ruyffelaere, *Bosch: The Complete Works* (Antwerp, 1987), pp. 134–53.

17 Suzanne Boorsch, 'The 1688 Paradise Lost and Dr Aldrich', *Metropolitan Museum Journal*, vi (1972), pp. 133–50.

18 Georges Louis Leclerc, Comte de Buffon, L*es Epoques de la nature*, vol. ii (Paris, 1780), pp. 126–36.

19 Johann Jakob Scheuchzer, *Homo diluvii testis* (Zurich, 1726).

20 Herbert Wendt, *In Search of Adam: The Story of Man's Quest for the Truth about His Earliest Ancestors* (New York, 1956), p. 15.

21 Ibid., p. 16.

22 Helen Macdonald, 'A Bestiary of the Mind', *New York Times Magazine*, 21 May 2017, pp. 40–41.

2 | 용은 어떻게 공룡이 되었나

1 David D. Gilmore, *Monsters: Evil Beings, Mythical Beasts, and All Manner of Imaginary Terrors* (Philadelphia, pa, 2003), p. 73.

2 David Leeming and Margaret Leeming, *A Dictionary of Creation Myths* (Oxford, 1994), pp. 202–8.

3 Hesiod, *Theogony/Works and Days* [750 bce], trans. M. L. West (Oxford, 1988), pp. 3–33.

4 Alan Weller, ed., *120 Visions of Heaven and Hell* (Mineola, ny, 2010), pl. 064.

5 William Shakespeare, *Shakespeare's Sonnets*, ed. Margaret de Grazia (New York, 2011), p. 157.

6 John Milton, *Paradise Lost* [1667–74] (Oxford, 2003), book x.

7 Thomas Hawkins, *The Book of the Great Sea-dragons, Ichthyosauri and Plesiosauri* (London, 1840), p. 21.

8 Deborah Cadbury, *The Dinosaur Hunters: A Story of Scientific Rivalry and the Discovery of the Prehistoric World* (New York, 2001), pp. 141–2.

9 Isabella Duncan, *Pre-Adamite Man; or, the Story of Our Old Planet and Its Inhabitants, Told by Scripture and Science* (London, 1861).

10 Joscelyn Godwin, *Athanasius Kircher: A Renaissance Man and the Quest for Lost Knowledge* (London, 1979), pp. 25–33, 84–93.

11 Thomas Burnet, *The Sacred Theory of the Earth* [1690] (London, 1816), p. 29.

12 Edmund Burke, *A Philosophical Enquiry Into the Origin of Our Ideas of the Sublime and Beautiful* [1757] (Oxford, 2015), pp. 47–9.

13 Donald Worster, *Nature's Economy: A History of Ecological Ideas* (Cambridge, ma, 1994), p. 125.

3 | 거구 씨와 난폭 씨

1 William Paley, *Natural Theology*, facsimile edition (Boston, ma, 1841), p. 265.
2 Ibid.
3 William Smellie, *The Philosophy of Natural History*, 5th edn (Boston, ma, 1838), p. 222.
4 Deborah Cadbury, T*he Dinosaur Hunters: A Story of Scientific Rivalry and the Discovery of the Prehistoric World* (New York, 2001), p. 95.
5 Gideon Mantell, 'The Age of Reptiles', *The Star*, 16 June 1831, p. 1.
6 George F. Richardson, *Sketches in Prose and Verse (second series), containing visits to the Mantellian Museum* (London, 1838).
7 Martin J. S. Rudwick, *Scenes of Deep Time: Early Representations of the Primitive World* (Chicago, il, 1992), p. 119.
8 David Hone, *The Tyrannosaur Chronicles: The Biology of the Tyrant Dinosaurs* (New York, 2016), p. 21.
9 Mark A. Norell et al., *Discovering Dinosaurs in the American Museum of Natural History* (New York, 1995), pp. 105-6.
10 Stephen Jay Gould, 'Dinomania', in *Dinosaur in a Haystack: Reflections on Natural History* (New York, 1995), p. 223.
11 David D. Gilmore, *Monsters: Evil Beings, Mythical Beasts, and All Manner of Imaginary Terrors* (Philadelphia, pa, 2003), p. 72.
12 Alan A. Debus, *Dinosaurs in Fantastic Fiction: A Thematic Survey* (London, 2006), p. 125.
13 http://books.google.com/ngrams.
14 Paul A. Trout, *Deadly Powers: Animal Predators and the Mythic Imagination* (Amherst, ny, 2011), p. 21.

4 | 크리스털 팰리스에서 쥬라기 공원까지

1 Peter Marshall, *The Magic Circle of Rudolf ii: Alchemy and Astrology in Renaissance Prague* (New York, 2006), p. 76.
2 Deborah Cadbury, *The Dinosaur Hunters: A Story of Scientific Rivalry and the Discovery of the Prehistoric World* (London, 2001), pp. 211, 216-17.
3 David D. Gilmore, *Monsters: Evil Beings, Mythical Beasts and All Manner of Imaginary Terrors* (Philadelphia, pa, 2003), pp. 62-3.
4 Celeste Olalquiaga, *The Artificial Kingdom: A Treasury of Kitsch Experience* (New York, 1998), p. 32.

5   Ibid.
6   Steve McCarthy and Mick Gilbert, *The Crystal Palace Dinosaurs* (London, 1994), p. 31.
7   Ibid., p. 67.
8   W.J.T. Mitchell, *The Last Dinosaur Book: The Life and Times of a Cultural Icon* (Chicago, il, 1998), p. 128.
9   Douglas J. Preston, *Dinosaurs in the Attic: An Excursion into the American Museum of Natural History* (New York, 1993), p. 25.
10 Henry Neville Hutchinson and William Henry Flower, *Creatures of Other Days* (London, 1894), p. 142.
11 McCarthy and Gilbert, *The Crystal Palace Dinosaurs*, p. 41.
12 Brian Switek, 'Darwin and the Dinosaurs', www.smithsonian.com, 12 February 2009.
13 Preston, *Dinosaurs*, pp. 78–9.
14 Tom Rea, *Bone Wars: The Excavation and Celebrity of Andrew Carnegie's Dinosaur* (Pittsburgh, pa, 2001), p. 31.
15 Ibid., p. 41.
16 Ibid., pp. 42–3.
17 Ibid., p. 164.
18 Zoë Lescaze, *Paleoart: Visions of the Prehistoric Past* (New York, 2017), pp. 216–64.
19 Anonymous, *The Exciting World of Dinosaurs: Sinclair Dinoland* (New York, 1964), n.p.
20 Anonymous, 'Dinos Popular', *Simpson's Leader-Times*, 19 August 1965, p. 14.
21 Asher Elbein, 'The Right's Dinosaur Fetish: Why the Koch Brothers are Obsessed with Paleontology', www.salon.com, 28 July 2014.
22 Joe Cunningham, 'Behind the Scenes at Dinomania', *Syracuse New Times*, www.syracusenewtimes.com, 15 October 2014.
23 Stephen J. Gould, 'The Dinosaur Rip-off', in *Bully for Brontosaurus: Reflections on Natural History* (New York, 1991), p. 98.
24 Mitchell, *The Last Dinosaur Book*, p. 14.
25 Bruno Latour, *We Have Never Been Modern*, trans. Catherine Porter (Cambridge, ma, 1993), p. 21.

5 | 공룡 르네상스

1   Thomas S. Kuhn, *The Structure of Scientific Revolutions*, 2nd edn (Chicago, il, 1962).
2   Robert Bakker, 'The Superiority of Dinosaurs', *Discovery*, iii/2 (1968), pp. 11–22.

3   Robert Bakker, *Dinosaur Heresies: New Theories Unlocking the Mystery of the Dinosaurs and Their Extinction* (New York, 1986), pp. 1–19.
4   David Norman, *Dinosaur* (New York, 1991), p. 69.
5   Zoë Lescaze, *Paleoart: Visions of the Prehistoric Past* (New York, 2017), pp. 111–14.
6   Jane P. Davidson, *A History of Paleontology Illustration* (Bloomington, in, 2008), pp. 169–72.
7   John Noble Wilford, *The Riddle of the Dinosaurs* (New York, 1985), pp. 161–75.
8   W.J.T. Mitchell, *The Last Dinosaur Book* (Chicago, il, 1980), p. 64.
9   Niles Eldredge and Stephen J. Gould, 'Punctuated Equilibria: An Alternative to Phyletic Gradualism', in *Models in Paleobiology*, ed. T.J.M. Schropf (Cambridge, 1972), p. 86.
10 Derek Turner, *Paleontology: A Philosophical Introduction* (Cambridge, 2011), pp. 51–71.
11 Martin J. S. Rudwick, *Earth's Deep History: How It Was Discovered and Why It Matters* (Chicago, il, 2014), p. 263.
12 Darren Naish and Paul Barrett, *Dinosaurs: How They Lived and Evolved* (Washington, dc, 2016), p. 24.
13 Lescaze, *Paleoart*, pp. 268, 272–7.
14 Davidson, *A History of Paleontology Illustration*, pp. 153–6, 173, 180.
15 Lescaze, *Paleoart*, p. 268.

6 | 근대성의 토템

1   Mircea Eliade, *The Myth of the Eternal Return* (Princeton, nj, 1974), pp. 139–64.
2   Allen A. Debus, *Dinosaurs in Fantastic Fiction: A Thematic Survey* (London, 2011), pp. 36–55, 85–102.
3   Stephen T. Asma, *Stuffed Animals and Pickled Heads: The Culture and Evolution of Natural History Museums* (Oxford, 2001), p. 155.
4   Samuel Philips, *Guide to the Crystal Palace and Park: Facsimile Edition of 1856 Official Guide* (London, 2008), p. 193.
5   Philip Henry Gosse, *The Romance of Natural History* (London, 1860), pp. 330–40.
6   J. P. O'Neill, *The Great New England Sea Serpent: An Account of Unknown Creatures Sighted by Many Respectable Persons between 1638 and the Present Day* (Camden, me, 1999), pp. 112, 147.
7   Debus, *Dinosaurs in Fantastic Fiction*, p. 39.
8   David D. Gilmore, *Monsters: Evil Beings, Mythical Beasts, and All Manner of Imaginary Terrors* (Philadelphia, pa, 2002), pp. 2, 192.

9   Jack Horner and James Gorman, *How to Build a Dinosaur: The New Science of Reverse Evolution* (New York, 2010).

10 W.J.T. Mitchell, *The Last Dinosaur Book: The Life and Times of a Cultural Icon* (Chicago, il, 1998), p. 91.

11 Ibid., pp. 77–85.

12 Ibid., p. 77.

13 Claude Lévi-Strauss, *The Savage Mind*, trans. anon. (Chicago, il, 1966), pp. 232–3.

14 Bruno Latour, *We Have Never Been Modern*, trans. Catherine Porter (Cambridge, ma, 1993), p. 91.

15 Ibid., p. 84.

16 Ibid.

17 Jean-François Lyotard, *The Postmodern Condition: A Report on Knowledge*, trans. Geoff Bennington and Brian Massumi (Minneapolis, mn, 1979), pp. 31–41.

18 Latour, *We Have Never Been Modern*, p. 21.

19 Philippe Descola, *Beyond Nature and Culture*, trans. Janet Lloyd (Chicago, il, 2005), pp. 144–71.

20 Marshall Sahlins, *What Kinship Is and Is Not* (Chicago, il, 2013), p. 7.

21 Harold Gebhardt and Maria Ludwig, *Von Drachen, Yetis und Vampiren: Fabeltieren auf der Spur* (Munich, 2005), p. 41.

7 | 멸종

1   Stephen J. Gould, 'The Dinosaur Rip-off', in *Bully for Brontosaurus: Reflections on Natural History* (New York, 1991), p. 96.

2   Gail F. Melson, *Why the Wild Things Are: Animals in the Lives of Children* (Cambridge, ma, 2001), pp. 62–4.

3   Willy Ley, *Dawn of Zoology* (New York, 1968), p. 203.

4   Georges Cuvier, *Georges Cuvier, Fossil Bones and Geological Catastrophes: New Translations and Interpretations of the Primary Texts*, ed. Martin J. S. Rudwick (Chicago, il, 1997), pp. 186–7.

5   Rev. J. G. Wood, *Animate Creation*, vol. i (New York, 1885), p. 9.

6   Martin J. S. Rudwick, *Scenes from Deep Time: Early Pictorial Representations of the Prehistoric World* (Chicago, il, 1992), pp. 48–50.

7   Alfred, Lord Tennyson, 'In Memoriam', in *Selected Poems* (New York, 1993), pp. 137–8.

8   Steve McCarthy and Mick Gilbert, *The Crystal Palace Dinosaurs: The Story of the World's*

First Prehistoric Sculptures (London, 1994), p. 22. The grammar used in the song has been adjusted a bit, to bring it in line with current usage.

9   Charles Dickens, *Bleak House* [1852–3] (New York, 2004), p. 13.
10 Joe Zammit-Lucia, 'Practice and Ethics of the Use of Animals in Contemporary Art', in *The Oxford Handbook of Animal Studies*, ed. Linda Kalof (Oxford, 2017), pp. 444–5.
11 W.J.T. Mitchell, *The Last Dinosaur Book: The Life and Times of a Cultural Icon* (Chicago, il, 1998), p. 62.
12 Ibid., pp. 265–75.
13 Peter Ward and Joe Kirschvink, *A New History of Life: The Radical New Discoveries about the Origins and Evolution of Life on Earth* (New York, 2015), pp. 296–306.
14 Ray Bradbury, 'The Foghorn', in *Dinosaur Tales* (New York, 1925), pp. 94–111.
15 Ray Bradbury, 'A Sound of Thunder', in *Dinosaur Tales* (New York, 1925), pp. 51–86.
16 Italo Calvino, 'The Dinosaurs', in *The Complete Cosmicomics*, trans. Martin McLaughlin (New York, 2015), pp. 99–113.
17 Elizabeth Kolbert, *The Sixth Extinction: An Unnatural History* (New York, 2014), p. 21.
18 Peter Holley, 'Stephen Hawking Now Says that Humanity Has Only About 100 Years to Escape Earth', www.chicagotribune.com, 8 May 2017.

8 | 공룡 중심의 세계

1   Stephen Jay Gould, 'Can We Complete Darwin's Revolution?', in *Dinosaur in a Haystack: Reflections on Natural History* (New York, 1995), pp. 326–7.
2   Boria Sax, *The Mythical Zoo: Animals in Myth, Legend and Literature*, 2nd edn (New York and London, 2013), pp. 13–16, 331–2.
3   Paul Shepard, *The Others: How Animals Made Us Human* (Washington, dc, 1966), pp. 13–27.
4   Nicholas Gane and Donna Haraway, 'Interview with Donna Haraway', *Theory, Culture and Society* (2006), xxiii/7–8, p. 146.
5   Carol Kaesuk Yoon, *Naming Nature: The Clash Between Instinct and Science* (New York, 2009), p. 230.
6   Ibid., p. 235.
7   Samantha Hurn, 'Introduction', in *Anthropology and Cryptozoology: Exploring Encounters with Mysterious Creatures*, ed. Samantha Hurn (London, 2017), pp. 1–12.

추천 도서

관련 주제에 대해 더 많은 정보를 알고 싶은 독자를 위한 목록으로, 전문가보다 일반 독자를 대상으로 한다. 이러한 이유로 참고 문헌에 인용된 모든 저작물을 포함하지 않았다.

Adler, Alan, ed., *Science-fiction and Horror Movie Posters in Full Color* (Mineola, ny, 1977)

Asma, Stephen T., *Stuffed Animals and Pickled Heads: The Culture and Evolution of Natural History Museums* (Oxford, 2001)

Bakker, Robert T., *The Dinosaur Heresies: New Theories Unlocking the Mystery of the Dinosaurs and Their Extinction* (New York, 1986)

Boorsch, Suzanne, 'The 1688 Paradise Lost and Dr. Aldrich', *Metropolitan Museum Journal*, vi (1972), pp. 133–50

Bradbury, Ray, *Dinosaur Tales* (New York, 2003)

Burke, Edmund, *A Philosophical Inquiry into the Sublime and the Beautiful* [1757] (Oxford, 2009)

Cadbury, Deborah, *The Dinosaur Hunters: A Story of Scientific Rivalry and the Discovery of the Prehistoric World* (London, 2001)

Calvino, Italo, *The Complete Cosmicomics*, trans. Martin McLaughlin (New York, 2015)

Crichton, Michael, *Jurassic Park* (New York, 1990)

—, *The Lost World* (New York, 1995)

Cuvier, Georges, *Fossil Bones and Geological Catastrophes*, trans. Martin J. S. Rudwick (Chicago, il, 1997)

Davidson, Jane P., *A History of Paleontological Illustration* (Bloomington, in, 2008)

Debus, Allen A., *Dinosaurs in Fantastic Fiction* (Jefferson, nc, 2006)

Dickens, Charles, *Bleak House* [1853–4] (New York, 2004)

Doyle, Arthur Conan, *The Lost World* [1912] (Toronto, 2015)

Eliade, Mircea, *The Myth of the Eternal Return* (Princeton, nj, 1974)

Gebhardt, Harold and Mario Ludwig, V*on Drachen, Yetis und Vampiren: Fabeltieren auf der Spur* (Munich, 2005)

Gilmore, David D., *Monsters: Evil Beings, Mythical Beasts, and All Manner of Imaginary Terrors* (Philadelphia, pa, 2003)

Gould, Stephen Jay, *Bully for Brontosaurus: Reflections on Natural History* (New York, 1991)

—, *Dinosaur in a Haystack* (New York, 1995)

—, *Time's Arrow, Time's Cycle: Myth and Metaphor in the Discovery of Geological Time* (Cambridge, ma, 1987)

Gould, Stephen J., and Niles Eldredge, 'Punctuated Equilibria: An Alternative to Phyletic Gradualism', in *Models in Paleobiology*, ed. T.J.M. Schropf (San Francisco, ca, 1972), pp. 82–115

Greenberg, Martin H., ed., *Dinosaurs* (New York, 1996)

Herodotus, *The Histories*, trans. Peter B. Willberg [*c.* 420 bce] (New York, 1997)

Hone, David, *The Tyrannosaur Chronicles: The Biology of Tyrant Dinosaurs* (New York, 2016)

Horner, Jack, and James Gorman, *How to Build a Dinosaur: The New Science of Reverse Evolution* (New York, 2010)

Hurn, Samantha, ed., *Anthropology and Cryptozoology: Exploring Encounters with Mysterious Creatures* (Abingdon, 2017)

Kolbert, Elizabeth, *The Sixth Extinction: An Unnatural History* (New York, 2014)

Kuhn, Thomas S., *The Structure of Scientific Revolutions*, 2nd edn (Chicago, il, 1970)

Larson, Edward J., *Evolution: A Remarkable History of a Scientific Theory* (New York, 2004)

Latour, Bruno, *Politics of Nature: How to Bring the Sciences into Democracy*, trans. Catherine Porter (Cambridge, ma, 2004)

—, *We Have Never Been Modern*, trans. Catherine Porter (Cambridge, ma, 1993)

Leeming, David, and Margaret Leeming, *A Dictionary of Creation Myths* (Oxford, 1994)

Lescaze, Zoë, and Walton Ford, *Paleoart: Visions of the Prehistoric Past, 1830–1980* (New York, 2017)

Lévi-Strauss, Claude, *The Savage Mind*, no translator given (Chicago, il, 1966)

Ley, Willy, *The Dawn of Zoology* (Englewood Cliffs, nj, 1968)

Lyotard, Jean-François, *The Postmodern Condition: A Report on Knowledge*, trans. Brian Massumi (Minneapolis, mn, 1984)

Mayor, Adrienne, *The First Fossil Hunters: Paleontology in Greek and Roman Times* (Princeton, nj, 2000)

Melson, Gail F., *Why the Wild Things Are: Animals in the Lives of Children* (Cambridge, ma,

2001)

Mitchell, W.J.T., *The Last Dinosaur Book: The Life and Times of a Cultural Icon* (Chicago, il, 1998)

Naish, Darren, and Paul Barrett, *Dinosaurs: How They Lived and Evolved* (Washington, dc, 2016)

Norman, David, *Dinosaur* (New York, 1991)

—, *Dinosaurs* (Oxford, 2005)

Olalquiaga, Celeste, *The Artificial Kingdom: A Treasury of Kitsch Experience* (New York, 1998)

Preston, Douglas J., *Dinosaurs in the Attic: An Excursion into the American Museum of Natural History* (New York, 1993)

Rea, Tom, *Bone Wars: The Excavation and Celebrity of Andrew Carnegie's Dinosaur* (Pittsburgh, pa, 2001)

Rudwick, Martin J. S., *Earth's Deep History: How It Was Discovered and Why It Matters* (Chicago, il, 2014)

—, *Scenes from Deep Time: Early Pictorial Representations of the Prehistoric World* (Chicago, il, 1992)

Sanz, José Luis, *Starring T. Rex! Dinosaur Mythology in Popular Culture*, trans. Philip Mason (Bloomington, in, 2002)

Sax, Boria, *The Mythical Zoo: Animals in Myth, Legend and Literature*, 2nd edn (New York, 2013)

Shepard, Paul, *The Others: How Animals Made Us Human* (Washington, dc, 1996)

Trout, Paul A., *Deadly Powers: Animal Predators and the Mythic Imagination* (Amherst, ny)

Ward, Peter, and Joe Kirschvink, *A New History of Life: The Radical New Discoveries about the Origins and Evolution of Life on Earth* (New York, 2015)

Wendt, Herbert, *In Search of Adam: The Story of Man's Quest for the Truth about His Earliest Ancestors* (Boston, ma, 1956)

Wilford, John Noble, *The Riddle of the Dinosaurs* (New York, 1985)

Worster, Donald, *Nature's Economy: A History of Ecological Ideas* (Cambridge, 1994)

찾아보기

게르하르트 헤일만　154
귀스타브 도레　57, 58, 59, 62, 70, 181, 198, 242, 247
기디언 맨텔　16, 62, 65, 78, 79, 81, 82, 83, 108, 110

닐스 엘드리지　151, 159, 160, 161, 163

대니얼 워스터　70
도나 해러웨이　243
두걸 딕슨　171

레이 브래드버리　9, 177, 224, 225, 226, 228, 232, 252
로버트 바커　96, 151, 152, 153, 154, 156, 157, 158, 159, 160, 161, 162, 163, 244
로버트 플롯　28, 66
루돌프 잘링거　170, 217, 218, 244
루이스 레이　171
리처드 오언　18, 108, 109, 110, 115, 154, 190, 212

마르칸토니오 라이몬디　24, 27

마셜 살린스　194
마이클 크라이튼　95, 96, 98, 180, 189
마틴 루드윅　15, 42, 162
메리 애닝　106, 107, 108, 110
메리 앤 맨텔　81

벤저민 워터하우스 호킨스　87, 88, 98, 109, 110, 115, 116, 119, 120, 122, 212, 213
브뤼노 라투르　147, 193

스티븐 J. 굴드　92, 145, 151, 159, 160, 161, 162, 163, 197, 224, 237, 239, 244
스티븐 스필버그　95, 96, 189

아고스티노 베네치아노　26, 27
아담 세즈윅　66
아서 코난 도일　179, 215, 221
아타나시우스 키르허　66, 67, 68, 69
앤드루 카네기　128, 129, 130, 131, 132, 134, 141, 154
앨프리드 테니슨　70, 205, 209, 210, 211

얀 소바크   152, 167, 170, 171, 250
에드워드 드링커 코프   20, 125, 127, 128, 154, 166
엘리 키시   171
엘리자베스 콜버트   232
오스니얼 찰스 마시   20, 85, 125, 126, 127, 128, 154
요한 야콥 쇼이흐처   29, 30, 31, 32, 33, 34, 36, 52, 56, 66, 104
윌리엄 M. 트위드   103, 120, 122
윌리엄 버클랜드   18, 63, 66, 78, 108, 110, 126
윌리엄 블레이크   62
윌리엄 코니베어   66, 78
윌리엄 페일리   76, 161
이사벨라 던컨   64, 65
이탈로 칼비노   229, 233, 252

자크 데리다   168
장 바티스트 라마르크   109, 204
장 프랑수아 리오타르   191
잭 호너   96, 180, 183
제임스 허턴   70, 172, 203
조르주 퀴비에   29, 55, 66, 69, 70, 71, 78, 105, 200, 201, 202, 203, 204
조지 리처드슨   82, 83
존 거치   170
존 마틴   62, 63, 64, 65, 82, 84, 96, 98
존 밀턴   42, 53, 55, 58, 60, 62, 63, 64, 66, 68, 71
존 오스트롬   96, 138, 151
지오바니 보카치오   23

찰스 R. 나이트   86, 87, 88, 89, 91, 95, 98, 125, 164, 217, 244
찰스 다윈   66, 71, 76, 124, 150, 159, 202, 203, 204
찰스 디킨스   63, 214
찰스 라이엘   70, 172, 203, 207

칼 부엘   169, 170, 254
칼 폰 린네   68, 69, 108, 161, 199
클로드 레비스트로스   186, 187, 188, 196

토니 사그   37, 38, 40
토머스 버넷   66, 67, 68
토머스 제퍼슨   200
토머스 쿤   150, 162
토머스 헨리 헉슬리   151, 154
토머스 호킨스   55, 60, 62, 63, 84, 98

피터 브뤼겔   50, 51
필리프 데스콜라   193, 194, 196
필립 헨리 고스   178, 179

헤로도토스   21
헤시오도스   49, 193, 199
헨리 데라 베슈   205, 206, 207
헨리 실리   190
히에로니무스 보스   24, 25, 26, 45

W. J. T. 미첼   183, 185, 186, 187, 188, 189, 191, 196, 217

그토록 매혹적인 공룡
우리는 왜 멸종된 공룡에 열광하는가

초판 1쇄 인쇄 | 2021년 10월 15일
초판 1쇄 발행 | 2021년 10월 20일

지은이 | 보리아 색스
옮긴이 | 권현민, 채유경
감수자 | 전진석
펴낸이 | 조승식
펴낸곳 | 도서출판 북스힐
등록 | 1998년 7월 28일 제 22-457호
주소 | 01043 서울시 강북구 한천로 153길 17

전화 | 02-994-0071
팩스 | 02-994-0073
홈페이지 | www.bookshill.com
이메일 | bookshill@bookshill.com

값 20,000 원
ISBN 979-11-5971-375-0

* 잘못된 책은 구입하신 서점에서 바꿔드립니다.